作 者 像

作者简介

韩琦，中国科学院自然科学史研究所特聘研究员、博士生导师。中国社会科学院基督教研究中心学术委员会委员，香港中文大学崇基学院宗教与中国社会研究中心学术委员，美国旧金山大学利玛窦中西文化史研究所学术委员会委员。现任《自然科学史研究》主编，*Archive for History of Exact Sciences*、*Annals of Science* 编委，*Historia Scientiarum*国际顾问委员会委员。著有《中国科学技术的西传及其影响 (1582-1793)》《通天之学：耶稣会士和天文学在中国的传播》等，合著合编有《中国印刷史》《中国活字印刷史》《〈熙朝崇正集〉〈熙朝定案〉（外三种）》《欧洲所藏雍正乾隆朝天主教文献汇编》《中国和欧洲：印刷术与书籍史》，发表论文百余篇。

内容简介

本书研究康熙朝欧洲科学的传播与中西文化交流。在康熙时代，法王路易十四派遣许多传教士来华，清廷科学活动频繁，编纂了大型历算著作《律历渊源》。然而康熙皇帝却将科学作为皇权的工具，用以控制汉人和洋人，仅仅满足于颁历授时、预测天象的实用需求；“御制”历算著作长期深锁宫中，没有得到及时传播；康熙晚年提倡“西学中源”说，与法国耶稣会士白晋多有关联，导致复古思潮的兴起。这一时代的科学活动未能使中国科学走向近代化。作者将这方面的历史教训呈现给读者，以期引起更深入的思考。

［法］金丝燕　董晓萍　主编
“跨文化研究”丛书（75）

康熙皇帝·耶稣会士·科学传播

韩　琦　著

中国大百科全书出版社

图书在版编目（CIP）数据

康熙皇帝·耶稣会士·科学传播／韩琦著．—北京：中国大百科全书出版社，2019.4

ISBN 978-7-5202-0476-7

Ⅰ．①康… Ⅱ．①韩… Ⅲ．①科学思想—传播—研究—清代 ②文化交流—研究—中国、西方国家—清代 Ⅳ．① G30 ② G125

中国版本图书馆 CIP 数据核字（2019）第 046338 号

责任编辑 程广媛
封面设计 程 然
责任印制 魏 婷
出版发行 中国大百科全书出版社
地 址 北京市阜成门北大街 17 号 **邮政编码** 100037
电 话 010－88390969
网 址 http://www.ecph.com.cn
印 刷 北京汇瑞嘉合文化发展有限公司
开 本 787 毫米 ×1092 毫米 1/32
印 张 5.875
字 数 120 千字
印 次 2019 年 4 月第 1 版 2019 年 4 月第 1 次印刷
书 号 ISBN 978－7－5202－0476－7
定 价 49.00 元

教育部人文社会科学重点研究基地重大项目
“跨文化学理论与方法论”
（项目批准号：16JJD750006）

综合性研究成果

教育部人文社会科学重点研究基地
北京师范大学民俗典籍文字研究中心
北京师范大学跨文化研究院敦和学术基金

资 助 出 版

“跨文化研究”丛书
编辑委员会

总　序

“跨文化研究”丛书是教育部人文社会科学重点研究基地重大项目“跨文化视野下的汉字、汉语与民俗文化研究”的综合性成果，由教育部人文社科重点研究基地北京师范大学民俗典籍文字研究中心执行，由承担北京师范大学“跨文化学研究生国际课程班”教学任务的中外学者撰写。

跨文化研究事业发端于北京大学，奠基人是北京大学著名教授乐黛云先生，乐先生同时也是中国比较文学专业的开创者，以往中国跨文化研究领域的学者也大都集中于这个领域。在法国，由新一代汉学家金丝燕教授领衔，开拓了跨文化、跨学科和跨文本的学科建设。北京师范大学近年开展的“跨文化学”学科建设之不同，在于将这门吸收世界前沿学问并提倡平等对话的学科向中国学术文化领域全面推进，同时也让中国历史文明与现代人文社会科学研究成果，通过跨文化的桥梁，公之于世，进行对话和交流。这种学科转向是经过长期准备的。

四年来，乐黛云先生、法国著名汉学家汪德迈先生、金丝燕教授、中国传统语言文字学家王宁先生和民俗学家董晓萍教授等联袂投入，将跨文化研究由文学门类，推向中国古代哲学、传统语言文字学、民俗学和科技史学等主要使用中国思想材料研究中国学问的领域，使多元文化发展与跨文化学学科建设整体关联的理论付诸实践。令人欣喜的是，中外学者对此一致响应，现在陆续出版的这套丛书，正是各国教授共同努力，从各自以中外不同视角长期从事研究所取得的学术成就中，精心提炼的一部分研究成果。

我们希望这套丛书能为跨文化学的理论和方法论建设提供砖瓦，也期盼中外高校跨文化学研究的人才队伍不断壮大。

本项工作得到北京师范大学研究生院的长期支持，北京师范大学民俗典籍文字研究中心和北京师范大学跨文化研究院敦和学术基金提供了出版资助，谨此一并致谢！

“跨文化研究”丛书编辑委员会

2018 年 8 月 28 日

目　录

前言

跨文化研究近年来一直受到学界的广泛关注，其原因是不言而喻的。明清之际西学在中国的传播，则是其中的重要课题。受法国学者裴化行、荣振华等人著作的影响，从研究生阶段开始，我就对中西交流感兴趣，特别关注利玛窦以来西方科学在中国的传播，博士期间选定康熙时代作为研究的时段，迄今正好三十年。要研究这一课题，如不能阅读当时的一手文献，就无法做出一流的学问，于是我开始了法文、德文、日文和拉丁文的学习。1989 年，在北京教授拉丁文的只有德国《华裔学志》主编弥维礼先生，那时听讲的只有四位博士生。我们每周到北京师范大学弥先生的寓所听课，当时的情景，至今仍历历在目。

康熙时代是满族文化、汉族文化和西洋的欧洲文明交融的时期，在异域文化传入和接纳的同时，引起了不同程度的抵触，科学的传播和接受（日本学者称为“受容”），其情形也十分类似。要深入理解西学在中国的传播，不仅要考虑与社会、政治、文化、宗教诸因素的关系，还应从全球史、跨国史的视野出发，对东亚各国（中国、朝鲜、日本）接受西方文明予以比较，才能有更为全面的认识。

跨文化传播，哪些要拿来、照搬，哪些要舍弃或扬弃，哪些要加以汇通，只有通过比较才有辨别。即使拿来，也需要足够的勇气，要面临保守派的反对。明末时，士大夫采取了南宋陆九渊“心同理同”的说辞，很好地减弱了反对的声音。崇祯历法改革时，徐光启采用“熔彼方之材质，入大统之型模”（此观点至乾隆时仍被清廷所采用）的策略。到了康熙时代，盛行“西学中源”说。这种学说的流行基于中西科学的比较，特别是对传统历算典籍的解读，这也是康熙时代《周髀算经》受到重视的原因。在接受西学的过程中，皇帝、皇子、满汉大臣，乃至一般士大夫，扮演了不同的角色。在不同时期，士人对西方科学、宗教的态度转变，和政治、学术思潮的关系，都值得深入探讨。康熙帝重视西学，影响远播，对乾嘉学术，特别是历算考证产生了深刻的影响，从而促进了科学从宫廷向民间的传播。清代知识的传播和生产，应从更广阔的历史、社会乃至思想史的语境下加以考察，才能有更全面清晰的认识。

在三十多年的学术生涯中，我得到了诸多前辈的鼓励和帮助。就跨文化研究而言，我要特别感谢张隆溪教授。张先生是比较文学的大家，现任国际比较文学学会主席，对跨文化有深入的研究，主张要有开阔的眼光和胸怀，要超越学科、语言、文化和传统的局限，由精深而至于博大。2001 年，为纪念利玛窦来京四百周年，在香港城市大学举办了国际学术会议，张先生来信邀我参加，可惜因时间冲突未能与会报告。2002 年 12 月，又蒙张先生的邀请，到香港城市大学跨文化研究中心访问七个月，才得以亲聆教诲，并拜读了他的许多著作，获益匪浅。其间，我与复旦大学周振鹤教授同室，得以时时请益，实为平生快事。

业师杜石然先生博学多识，精通日语，兼通英、俄等多种语言，游刃于哲学、文学、科学和历史之间，一直以研究通史相期许，也多次以此相告诫。贯通中西，打通时代，疏通学术史的脉络，乃是自己多年来学术追求的所在和努力的目标。虽取得了一点点成绩，但离自己的期望还相距甚远。

在此还要感谢北京师范大学董晓萍教授。如果没有她的热情邀请和鼓励，这本小书是无法短期内与读者见面的。董教授是民俗学与民间文学研究的著名学者，我与她的研究领域相去甚远，因此之前交往不多。由于各自与法国远东学院北京中心都有合作，在会议与讲演中能够不时碰面，因此结缘。2017 年 9 月 18 日，承蒙她好意邀请，我在北京师范大学做了《从凡尔赛到紫禁城：康熙时代法国科学在宫廷的传播》的演讲。之后又蒙她的盛情，参与“跨文化研究”丛书的写作。思之再三，就将上述演讲作了扩充，并相应收入其他三篇有关康熙、耶稣会士和科学传播的文章，结集出版，这就是读者面前的这本小书。虽然篇幅不长，但它也凝聚了自己二十多年的心血，期待读者的批评和指正。我也期盼能在不久的将来，再对康熙时代欧洲科学在宫廷的传播史作一系统、全面的总结，以飨读者。

韩琦

戊戌春于海淀新科祥园寓所

导言

康熙帝（1654—1722）是清朝入关后第二位君主，他八岁登基，在位达六十一年之久。他平定三藩，统一台湾，勤奋好学，崇儒重道，编纂群书，几暇格物，学贯天人，尤为古今所罕觏，文治武功，屡为史学家所乐道。康熙时代大致与法国太阳王路易十四时代相近，通过耶稣会士，欧洲科学和艺术传播到清廷。有清一代皇帝中康熙帝最具政治眼光，无论与俄国或与教廷的交往，他都表现出高超的外交手腕。作为满族君主，如何协调满汉矛盾，以达到降服汉人之目的，也成为为政的首务。科学作为皇权的重要工具，康熙不仅自己学习西学，还让皇三子胤祉组织设立蒙养斋算学馆，编纂《律历渊源》，并在全国范围内进行大地测量。终其一生，他善待有一技之长的传教士，采用“用其技艺”的国策，对清代科学的发展产生了深远的影响。

在历代帝王中，康熙对西学的喜好格外引人注意。在杨光先反教案结束之后，无论是东巡、南巡，还是平定噶尔丹，乃至到避暑山庄狩猎，都有传教士陪侍在侧，得以随时征询历算和外交诸问题。检视现存的各种官方文书，如起居注、实录、上谕、奏折，乃至御制文集等等，凡涉及康熙帝有关西学和西方宗教的言行，我们都应放到当时更广阔的背景中去审视，参考传教士的书信档案和士人文集，中西文献互证，才能更深入理解康熙一言一行的动机和背景。

17、18 世纪，耶稣会士是中西科学文化交流的主体，利玛窦、汤若望、南怀仁等人从欧洲带来了数学、天文学、医学等知识，对中国产生了很大影响。耶稣会士之所以对科学感兴趣，是因为他们怀有“愈显主荣”的信念，把科学作为重要手段，探究自然、考测天象，以此来证明上帝的伟大，因此科学在他们的活动里占有十分重要的地位。在康熙时代，法国耶稣会士所起的作用则更为重要，有的担任帝师，传授西学知识；有的被任命为钦差与谈判大使，肩负外交重任；有的还充当御前学者，参与宫廷著作的编纂，身兼数职，多才多艺。

康熙时代的科学传播大致可分为两个阶段，一个是南怀仁时代，即从1669年杨光先反教案平反之后，一直到1688年南怀仁去世的近20年间；第二个时期是从1688年南怀仁去世和法国“国王数学家”初来中国，到1722年之间的30余年。第二个时期是整个清代中西交往最为辉煌的时期，又可以1713年（康熙在畅春园设立蒙养斋算学馆为标志）为界，再细分为两个阶段。

近30年来，笔者访问了欧美等二十余国的图书馆和档案馆，收集了中西科学、文化和宗教交流史方面的大量文献，一直尝试从全球史和跨文化史的视野，通过中西文献的互证，重新审视康熙时代科学活动的历史，试图从政治史、文化史、社会史和宗教史诸方面加以分析。本书所收录的四篇文章，就是这方面探索的成果。有两篇分别发表在台湾的《清华学报》和《汉学研究》上，发表以后受到了国内外读者的广泛关注。其中《君主和布衣之间：李光地在康熙时代的活动及其对科学的影响》一文，力图综合社会、政治、学术、宗教诸因素，对清初理学名臣李光地在科学发展中所起的作用，从科学社会史的角度进行新的探讨。作为研究案例，文中透过对1689年康熙南巡时在南京观星台发生的观测老人星事件的分析，来说明李光地失宠的诸多因素，并进而分析观星台事件和李光地对历算抱有浓厚兴趣、聘请梅文鼎传授数学之关系，其目的是为了赢得康熙的宠信；又结合李光地的为人、性格，分析他再次聘请梅文鼎的原因、在沟通康熙和梅文鼎之间所起的重要作用，以阐明清初科学活动的运作机制。文中的素材和观点，被《清初士人和西学》一书大量采用，并被其他学者转用，还被《皇帝的新数学》（*The Emperor's New Mathematics*. Oxford University Press，2012）一书作为专章进行了改写。《白晋的〈易经〉研究和康熙时代的"西学中源"说》试图对"西学中源"说的发展脉络重新加以考证，通过对康熙时代《易经》研究背景的考察，论述法国耶稣会士白晋的传教策略、《易经》研究与康熙提倡"西学中源"说的关系。此文也被国内外研究《易经》和中西文化交流的学者多方征引，相关史料和观点甚至被《历史研究》同类论文所采用，这些都是我始料未及的。另外两篇《从凡尔赛到紫禁城：康熙时代法国科学在宫廷的传播》和《科学、知识与权力：日影观测与康熙在历法改革中的作用》分别发表在《法国汉学》和《自然科学史研究》上，前者原题为《"格物穷理院"与蒙养斋：17、18世纪之中法科学交流》，后来根据多次演讲作了一些修正和补充，尝试从全球科学文明史的视野，阐述康熙中后期清廷和法国科学交往的历史，特别是法国科学在中国的传播，并充分利用多年来在欧洲新发现的档案史料，就法国国王路易十四的海外扩张策略与“国王数学家”来华的背景，法国皇家科学院的异域科学考察计划与耶稣会士在华科学活动的关系等方面进行讨论。后一篇首发于《自然科学史研究》上，试图结合中西文献，多方采证，根据对1668年和1692年两次日影观测的分析，讨论康熙学习西学的起因，以及他如何运用科学新知在汉族大臣面前作秀；并以1711年夏至日影观测为例，详细分析事件发生的原委，康熙借助科学控制耶稣会士的目的，以及知识和权力运作的复杂背景，这将有助于理解1713年蒙养斋算学馆的建立和历法改革的真正原因。此文从政治史的视野，重构了康熙时代科学与皇权交织的历史真相，也引起了学者的多方关注。作为外来的知识，欧洲科学在康熙的政治生命中扮演了十分重要的角色，康熙通过学习欧洲科学，达到了自我炫耀并同时控制汉人、洋人的目的，显示了满族君主对皇权的高超运用。此次发表，除了对文中个别史实作了补充和修订，基本保持了原文的面貌。

康熙时代尽管有较多传教士在宫廷服务，并编纂了大型历算著作《律历渊源》，却并没有使中国走向近代化，其原因是多方面的：科学沦为皇权的工具，满足于颁历授时、预测天象的实用需求，而不是以追求创新为目的；“御制”历算著作长期深锁宫中，没有及时传播；康熙晚年提倡“西学中源”说，导致了复古思潮的兴起。历史留给我们的教训是深刻的，值得我们深思。

第一节

从凡尔赛到紫禁城：康熙时代法国科学在宫廷的传播[1]

康熙时代是继明末之后，西方科学大规模传入中国的又一个高潮。受杨光先反教案的影响，康熙亲自向传教士学习，组织编纂《律历渊源》(包括《钦若历书》《数理精蕴》《律吕正义》)，并在全国范围内进行大地测量。这些重大的科学活动，是康熙政治生命的重要组成部分。和康熙同时，法国太阳王路易十四雄心勃勃，想摆脱葡萄牙的控制，和中国建立更为直接的交往，并进行各种科学考察活动，以促进科学和艺术的发展。[2]

---

❶ 此文曾以《"格物穷理院"与蒙养斋：17、18世纪之中法科学交流》为题，刊于《法国汉学》(四)，北京：中华书局，1999，第302—324页。此次发表时作了较大修订和补充。

❷ 关于17、18世纪中西科学交流，参见杜石然、韩琦：《17、18世纪法国耶稣会士对中国科学的贡献》，《科学对社会的影响》，No.167（1993，No.3），第55—64页。Han Qi, "The role of the French Jesuits in China（转下页）

出于对西学的爱好与政治的需要，康熙利用这种机会，通过来华的法国耶稣会士，和法国建立了密切的联系。根据多年来在国内和欧洲新发现的大量史料，本文将从全球史的视野，力图阐述康熙时代科学活动的缘起，探讨法国皇家科学院（Académie Royale des Sciences，当时译为“格物穷理院”）在 17、18 世纪所从事的科学活动，及其和蒙养斋算学馆（1713 年由康熙在畅春园建立，专门从事天文观测和西方科学著作的编译）科学活动之关系，试图透过对这两个科学机构的比较研究，分析 17、18 世纪中法科学交流和当时政治、社会的关系。

（接上页）and the Académie Royale des Sciences in the development of the 17th- and 18th-century French and Chinese sciences, ” in K. Hashimoto, etc, eds., *East Asian Science: Tradition and Beyond* (Kansai University Press, 1995), pp.489–492. 韩琦：《中国科学技术的西传及其影响》，石家庄：河北人民出版社，1999。Han Qi, “Sino-French Scientific Relations through the French Jesuits and the Académie Royale des Sciences in the Seventeenth and Eighteenth Centuries, ” in *China and Christianity: Burdened Past, Hopeful Future*, eds. Stephen Uhalley, Jr. and Xiaoxin Wu (rmonk, London, 2001), 137–147. Isabelle Landry-Deron, “Les mathématiciens envoyés en Chine par Louis XIV en 1685, ” *Archive for History of Exact Sciences* 55(2001): 423–463.

一　法国皇家科学院及其科学活动

科学学会的成立是科学革命的主要特征之一。17 世纪下半叶，在欧洲的一些重要学术中心，在一批从事科学研究的业余爱好者倡导下，不约而同地成立了各种模式的组织，这些组织和政治现实密切相关。其中法国皇家科学院是最具创造性的学术机构，它是在路易十四的大臣柯尔伯（J.-B. Colbert，1619—1683）的赞助和支持下于 1666 年 12 月 22 日成立的。[1] 在柯尔伯的领导下，法国国家权力得到了加强，重商主义使法国更加繁荣，法国文化的发达更使欧洲各国羡慕不已。在皇家科学院成立之前，已有一些非正式的学术圈子和学会呼吁支持设立这样的机构。和英国皇家学会不同，皇家科学院以国家利益为重，除致力于研究科学之外，还效忠于国王，

---

[1] 关于法国皇家科学院，参见 R. Hahn, *The anatomy of a scientific institution. The Paris Academy of Sciences, 1666—1803*. Berkeley & Los Angeles: University of California Press, 1971. J. M. Hirschfield, *The Académie Royale des Sciences 1666—1683*. New York: Arno Press, 1981；David J. Sturdy, *Science and social status. The members of the Académie des Sciences, 1666—1750*. Woodbridge: The Boydell Press, 1995；E. Brian & C. Demeulenaere-Douyère eds., *Histoire et mémoire de l'Académie des sciences: Guide de recherche*. Paris: TEC & DOC, 1996.

科学院被看作皇家的合作集体。

柯尔伯矢志不渝，一生为法兰西和路易十四效力，替国王负责科学院的事务。在科学院初创的十余年内，不分国籍，网罗了惠更斯（Christiaan Huygens，1629—1695）、卡西尼（Giovanni Domenico Cassini，1625—1712）、洛默尔（Ole Christensen Römer，1644—1710）作为院士，又请德国数学家、哲学家莱布尼茨作为通讯院士。此外，还吸收了本国杰出的科学家作为院士,1666—1683 年，毕卡尔（Jean-Félix Picard，1620—1682）、腊羲尔（Philippe de la Hire，1640—1718）、奥祖（Adrien Auzout，1622—1691）等著名科学家都进入了科学院，群贤毕至，盛极一时。

柯尔伯是一位出色的管理者，对有特长和优点的学者都感兴趣。科学院不仅吸收了冉森派成员（Jansenist），还吸收了一些柯尔伯政敌的朋友。通过限制个人的荣誉，科学院希望在公众的眼里获得整体的地位，并且把院士组织在一起，促进合作的气氛。总的来说，从创建之始至柯尔伯去世，已实现了这一目的。

1699 年皇家科学院进行了重大改革，由国王颁布了新的章程，给科学院以相当的责任和地位。在这些章程中，科学院被规定为皇家的机构，由国王的大臣直接管理。国王保留对新成员选举的批准权，对科学院官员的任命，同时负责保证实验的基金、成员的养老金以及参加会议的补助。反过来，科学院应保持和法国及国外的其他科学团体的不断接触，与所有科学信息保持同步，阅读和讨论重要的出版物，重复在其他地方进行的重大实验。在比尼翁（J.-P. Bignon，1662—1743）的指导下，1699 年的章程有了许多革新。通过这些章程，科学院的规模得以扩大，并得到了国王更多的支持。

改革还包括人事结构的一些调整，成员分为三种类型。其中作为 18 世纪科学院核心的是“职业”院士，作用最大，也最为积极，人数略多于 50 人，他们参加两周一次的会议，处理学会的事务，负责杂志的出版，把科学院当作他们活动的中心。这一组中，最高一级的是永久秘书，由于职位的重要，具有很大的影响力。

由于民族的原因和反传统的倾向，科学院的刊物都用法文出版，拉丁语不再作为法国的科学语言。起初，学会的杂志由历史和纪要两部分组成，历史部分刊载一些非院士的普通文章。1720 年，情况有了显著的变化，即为杰出论文设立了奖金，这一措施从非专业的科学团体吸引了许多优秀的文章，科学院还把获奖文章刊登出来，这为科学院之外的学者发表科学作品开创了先例。从1750年开始，出版《数学和物理纪要》。一旦科学院成为代表皇家的学术机构，便产生了磁力般的影响，每一位有抱负的科学家，都希望通过科学院的批准以获得公众的承认，并藉此进入科学院。反过来，科学院通过设立严格的标准，也把专业规范加给其他的学术团体，并在本国寻求最佳的天才学者。为此，科学院不断改进自己的标准，获得更多的特权，成为更具吸引力的学术机构。科学院还采取其他一些方法，逐渐控制了许多法国科学著作的出版，如《天文年鉴》从1679年以来每年出版，1702年后由科学院出版，被天文学家、船员、大地测量员广泛使用，1766年，范围扩大，也出版一些短篇的天文学论文。

皇家科学院创建之初，致力于组织一些重大项目，如帮助解决在海上决定经度、测绘法国地图、建立用于喷泉的水力学理论、有关军用目的的力学著作的编纂等。后来，它则偏重于解决具体的问题。奥祖是最初刺激柯尔伯创建科学院的人之一，他努力强调天文学的实际用途。法兰西新图的制作与在海上精确而迅速地定出经度是当时的两大难题。在开始大地测量之前，天文学家应首先找到一度经度的长度，以此作为随后测量的标准，这样就给出了计算地球大小的必要信息。为促进与重商主义一致的法国贸易，并为海军恢复生气，皇家科学院对天文学予以重视是可以理解的，而其中花费最巨的莫过于天文台的建设。从 17 世纪末叶至 18 世上半叶，法国科学家在科学院的领导下，从事全球性的项目，如世界范围内的天文观测成为这一时期的重要任务，为提高精度，他们孜孜不倦，乐此不疲。巴黎天文台的科学家为制定更精确的天文表而费尽心机，当时法国天文学在观测规模和精度上领先于欧洲其他国家。

从法国科学院刊物的文章看，科学院组织从事的科学活动主要包括：天文观测、磁偏角记录、动植物考察等。天文观测是其中最主要的工作，如日食、月食、木卫、北极高度的观测，用以求出经纬度；彗星、水星凌日等重要天文现象的观测，为制定彗星轨道提供数据，为天体力学服务。利用法国天文学家的最新成果，如通过观测木卫来决定经度，使用的就是卡西尼的木卫表，这是法国领先于欧洲其他国家的成果。法国科学家的辛勤观测，丰富了天象资料，大大有助于天文观测精度的提高。耶稣会士观测报告有的以专集发表，有的刊载于皇家科学院杂志上，其中一些天文观测是来华耶稣会士首次发现，法国天文学家给予了很高评价。

18 世纪，法国人在航行调查方面也颇有建树。17 世纪末，虽然航行从属于宗教和经济的目的，但每次远征对更多地采集数据提供了很好的机会。所有的旅行者，特别是耶稣会士对科学的进步提供了许多服务。无论旅行者的目的如何，他们都带回了令人振奋的报告。这种风尚来自对异域的迷恋、对新知识的渴望以及潜在的殖民主义倾向。旅行记不仅仅涉及自然史，对地理学、制图学也极有意义，众多的旅行文献对解决主要的科学争论非常有益。

两种类型的远征尤其令大众感兴趣，一是大地测量，另一个是天文测量。1735 年，两支队伍被分别派出去测量一度经线的长度，以解决由牛顿理论引起的关于地球形状的争论。18 世纪 60 年代，又有两次大规模的调查组被派出观测金星的运行，以精确测定太阳系的范围。这两件事都大大吸引了公众，进一步提高了科学在大众心目中的形象。

科学院建立初期，对解剖学、昆虫学也很感兴趣。此外，植物学研究也很时兴，尤其是在“国王植物园”

集中了一批杰出的植物学家，他们和来华法国耶稣会士植物学家也有密切的来往。耶稣会士向植物学家寄赠了大量中国的植物种子，有的还在“国王植物园”引种。如北京地区最为常见的槐树，其种子在18世纪40年代被寄到巴黎，在那里生根发芽，至今仍生长茂盛。此外，18世纪40年代，对贝壳和石头的研究也风靡一时。在启蒙运动时期，科学不可逆转地成为法国文化的重要部分，科学院及其院士们在这一方面起到了重要的作用。

二　“国王数学家”来华

康熙三年，杨光先控告汤若望等私传邪教，阴谋不轨，掀起一场公案，案件十二月在刑部审理，涉及人员包括汤若望（Johann Adam Schall von Bell, 1592—1666）等四位耶稣会士和李祖白、许之渐、杨光先以及钦天监的一些奉教天文学家。康熙四年正月、二月，礼部和康亲王杰书则专门审理汤若望、杨光先和钦天监官员，对杨光先所提出的历法诸问题作了逐一询问。三月，清廷下旨，汤若望因效力年久，免死，李祖白、宋可成、宋发、朱光显、刘有泰等五位奉教天文学家立即处斩。之后，从各地押解二十五位传教士到京，七月底之后，又将他们押回广州关押。这场反教案波及全国，影响深远，使耶稣会士在中国苦心经营的传教事业变得前景黯淡。1668 年，耶稣会士南怀仁（Ferdinand Verbiest，1623—1688）凭借日影观测，证明西法优于中法，博得了康熙帝的信任，使这场历狱得到平反。从 17 世纪 70 年代起，传教士的地位逐渐得到了恢复，康熙对那些有科学特长、能担任修历重任的耶稣会士持欢迎的态度。

在当时，南怀仁感到人才缺乏是一个非常严峻的问题，如果没有新的耶稣会士到来，在中国的传教事业将因后继无人而终成泡影，南怀仁为此忧心忡忡。1678 年 8 月 15 日，他写下了著名的告欧洲耶稣会士书，印刷后寄回欧洲，呼吁增派耶稣会士来华。[1] 此信反响很大，法国耶稣会士来华与此信有密切关系。

几乎和南怀仁的呼吁同时，巴黎天文台台长、著名天文学家卡西尼向柯尔伯建议，希望派遣耶稣会士到东

---

[1] Ferdinand Verbiest, *Correspondance de F. Verbiest*. Edited by H. Josson et L. Willaert, Bruxelles. 1938, pp.230–253.

方去进行天文观测，并拟订了详细的观测计划。大约在1680—1681年，这个计划由柯尔伯、卡西尼、天文学家腊羲尔和耶稣会士洪若（Jean de Fontaney，1643—1710）进行了商讨，内容包括在东方的不同地区，直至中华帝国，进行各种观测，以取得不同地区的经纬度和磁偏角值。卡西尼是皇家科学院的创始人之一，他介入这一计划，表明科学院对洪若等首批来华耶稣会士的重视。

从当时的背景看，仅靠科学院的科学家去完成观测任务，已远远不能满足要求。在远东，耶稣会士已有较大的传教范围，加之他们在学校里都受过严格的科学训练，这是天主教其他修会所不能企及的，因此选择耶稣会士在中国进行科学考察，就成为法国科学院首先考虑的事情。事实亦证明法国耶稣会士很好地完成了他们所肩负的科学使命。

此外，法国耶稣会对耶稣会士来华执行科学院的观测任务也抱有较高的热情；白晋（Joachim Bouvet，1656—1730）等耶稣会士也早有到中国传教的愿望；加之动身以前，法国与暹罗关系密切，暹罗国王对传教士优遇有加，更增加了法国派遣耶稣会士到中国的信心。[1]

但是，首批法国耶稣会士来华，并非一帆风顺。1683 年，柯尔伯去世，使此事耽搁了数年。从开始准备到抵达北京，共花去了近十年的时间。1677—1678 年，比利时耶稣会士安多（Antoine Thomas，1644—1709）在巴黎停留，与洪若有过两次会面。1684 年，比利时耶稣会士柏应理（Philippe Couplet，1623—1693）与南京人沈福宗到达巴黎，9 月 15 日在凡尔赛宫受到了路易十四的接见，此事曾轰动一时。[2] 柏应理还把南怀仁的一封信交给了洪若。以上这些频繁接触，都促成了法国耶稣会士来华最终成行。

1684 年 12 月 20 日，洪若、白晋、刘应（Claude de Visdelou，1656—1737）、张诚（J.-F. Gerbillon，1654—1707）被皇

---

[1] 关于法国耶稣会士在暹罗的情况，参见 Guy Tachard, *Voyage de Siam des Pères Jésuites envoyez par le Roy aux Indes et à la Chine*. Paris, 1686. Louis le Comte, *Nouveaux mémoires sur l'état présent de la Chine*. 3vols. Paris, 1696—1698.

[2] J. W. Witek, "P. Couplet: a Belgian connection to the beginning of the seventeenth-century French Jesuit mission in China, " in Jerome Heyndrickx ed., *Philippe Couplet S.J. (1623—1693). The man who brought China to Europe*. Nettetal: Steyler Verlag, 1990，pp.148，152. 韩琦：《17、18 世纪欧洲和中国的科学关系：以英国皇家学会和在华耶稣会士的交流为例》,《自然辩证法通讯》1997 年第 3 期，第 47—56 页。

家科学院任命为通讯院士。[1] 行前，他们携带了科学院赠送的大量科学仪器。为避免和葡萄牙“保教权”的冲突，洪若等六名耶稣会士被授予“国王数学家”的称号。

“国王数学家”中洪若的科学素养最高，来华前即因擅长天文观测而享誉法国，他曾为耶稣会士、天文学家巴蒂斯（Ignace-Gaston Pardies，1636—1673）编辑出版星图。“国王数学家”由洪若带领，于 1685 年 3 月离开法国，动身前往中国。同行的人当中，有一位出身于贵族的舒瓦西（F.-T. de Choisy），他曾和路易十四的弟弟一起度过了童年。他在船上所写的日记非常生动，记录了他们在船上的一些活动，如他写道：我们“应该好好利用这六位神父和我们在一起的机会学习天文学，他们在中国个个会像南怀仁那样。”[2] 在日记中，还有这样的记载：

---

[1] *Index biographique de l'Académie des sciences 1666—1978*. 1699 年 3 月 4 日，洪若、张诚、白晋、刘应、郭中传（Jean-Alexis de Gollet, 1664—1747）被任命为耶稣会士兼科学院院士 T. Gouye（1650—1725）的通讯院士。1750 年 8 月 22 日，宋君荣（Antoine Gaubil, 1689—1759）被任命为院士 J.-N. Delisle（1688—1768）的通讯院士，汤执中（Pierre Noël Le Chéron d'Incarville, 1706—1757）被任命为院士 C.-J. Geoffroy（1685—1752）的通讯院士。

[2] F.-T. de Choisy, *Journal du voyage de Siam*, Présenté et annoté par Dirk Van der Cruysse, Paris: Fayard, 1995. p.43.

这天早上（1685年5月8日），洪若神父开始讲授一堂天体的公开课。……当他成为大官，中国皇帝面前的红人时，我将可以说："就是他教给了我有关天体周日运动的知识。"[1]

从中可看出舒瓦西对洪若科学水平是由衷地钦佩和赞赏。舒瓦西日记还对白晋等人的性格、特长做了详细的描写，读来生动有趣，如见其人。海上漫长而单调的旅程使航船成了很好的学习课堂，耶稣会士相互学习，取长补短，为能在中国充分发挥他们的专长做准备。他们由海路转道暹罗，搭乘广东商人王华士的船，经中国沿海北上，于1687年7月23日到达宁波。他们到达宁波后，就把路易十四的信件递交给浙江巡抚金鋐。但由于金鋐的阻挠，他们未能及时到达北京。《熙朝定案》对此有记载：

礼部题为报明事，该臣等议得浙江巡抚金鋐疏称，西洋人洪若等五名由暹罗附粤商王华士之船到浙，……

[1] F.-T. de Choisy, *Journal du voyage de Siam*, Présenté et annoté par Dirk Van der Cruysse, Paris: Fayard, 1995. p.85.

洪若等人不便久住内地，应交与该抚发出边境，令回伊国。嗣后凡海内贸易客商，应行严禁携带外国人员，如违禁将外国人员携带入内地者，严行治罪。[1]

当南怀仁听说法国耶稣会士到达宁波之后，于9月15日写信给在热河的赵昌，好让康熙皇帝知道这些人是他的耶稣会同伴，带来了珍贵的科学仪器和书籍。《柔远特典》记述了法国耶稣会士进京的详细经过：

礼部题为报明事。该臣等议得浙江巡抚金鋐疏称，西洋人洪若等五名由暹逻（罗）附粤商王华士之船到浙。据称欲往苏杭天主堂探望同教之人，如肯容留，情愿长住内地等语云云。康熙二十六年八月十九日题，九月初六日奉旨：洪若等五人内有通历法者亦未可定，着起送来京候用。其不用者，听其随便居住。

礼部谨题为请旨事，先经奉旨：洪若等五人内有通历法者亦未可定，着起送来京候用，其不用者，听其随

---

[1] 康熙二十六年八月十九日题，九月初六日奉旨。见《熙朝定案》，巴黎法国国家图书馆，Chinois 1330。

便居住。钦此钦遵。咨行该抚去后，今准该抚所送洪若、李明、刘应、白进（晋）、张诚并伊等所带浑天器等共计大中小三十箱等因到部，相应将洪若等交与钦天监，问明果否通晓天文历法可也。为此请旨。康熙二十七年二月二十日题，本日奉旨，此等物件即交与伊等使用，将伊等俱交与徐日昇（Tomás Pereira，1645—1708）引见，可用者留用，不可用者，照原旨听其随便居住。至二十一日引见，在乾清宫大殿，蒙皇上慰问。臣徐日昇俱为代奏，天颜喜悦，赐茶优待，各赐赉银伍十两，遣侍卫赵同回天主堂寓所。奉旨：留白进、张诚在京备用。[1]

与此同时，洪若等人还曾试图利用意大利耶稣会士殷铎泽（Prospero Intorcetta，1625—1696）的关系，通过他向浙江的官员赠送望远镜与钟表[2]，以达到准其入京之目的。殷铎泽当时是耶稣会中国副省会长，住在杭州，派了一个代表去帮助他们。经过南怀仁与殷铎泽的斡旋，他们终于在1688年2月7日到达北京，并很快受到康熙的召见。经过挑选，留白晋和张诚在北京，允许其他三

[1] 法国国家图书馆藏刻本《柔远特典》，Chinois 1327。

[2] 1995年笔者在葡萄牙里斯本Ajuda图书馆见到洪若的信，提及此事。

位耶稣会士到其他地方传教。

洪若等人带到北京的仪器有：“浑天器两个，座子两个，象显器两个，双合象显器三个，看星千里镜两个，看星度器一个，看时辰铜圈三个，量天器一个，看天文时锥子五个。”[1] 此外还有“天文经书”共六箱，西洋地理图五张，磁石一小箱，共计大中小三十箱。耶稣会士安多 1688 年 9 月 8 日在一封信中也提到洪若等人向康熙赠送天文仪器之经过：

> 2 月 7 日，五位耶稣会士到达北京，同一天带礼物到宫中，皇帝只选了些，其他留给耶稣会士院士。其中有两件新的仪器，可以精确测量日、月食及其他行星的运动，送给这伟大的君主很合适。[2]

法国耶稣会士来华，揭开了中法科学交流的序幕，也为 18 世纪更多耶稣会士来华奠定了基础。

---

[1] 韩琦、吴旻校注：《〈熙朝崇正集〉〈熙朝定案〉（外三种）》，北京：中华书局，2006，第 169 页。关于这些仪器的详细情况，参见 Guy Tachard, *Voyage de Siam des Pères Jésuites envoyez par le Roy aux Indes et à la Chine*. Paris, 1686。

[2] 此信详细描述了南怀仁葬礼的经过，记述颇为生动，法国国家图书馆，7485 n.a.F.。这里提到的两件新仪器指丹麦天文学家洛默尔新发明的七政仪和日月交食仪。

三　科学院和“国王数学家”的关系

洪若到达宁波后，由于浙江巡抚的刁难，一直在那里停留了约四个月而未能成行，在此期间，他写了许多信。透过这些信，可以清楚地了解到耶稣会士和法国学术界的密切交往。

1687 年 11 月 8 日，在给皇家科学院写的信中，洪若汇报了当时的科学分工[1]：洪若负责中国天文学史、地理学史和天体观测，以与巴黎天文台所做的天文观测相比较；刘应负责中国通史，汉字与汉语的起源；白晋负责动植物（自然史）和中医的研究；李明负责艺术史和工艺史；张诚负责中国的现状、警察、官府和当地风俗，矿物和物理学（指医学）的其他部分，即白晋研究以外的部分。洪若写信之目的是为了向皇家科学院寻求帮助，以便他们能完成工作。在另一封给科学院的信中他写道：

向我们传授你们的智慧；为我们详细解释你们所特

[1] H. Bernard, “Le voyage du Père de Fontaney au Siam et à la Chine, 1685—1687, d’après des lettres inédites, ” *Bulletin de l’Université l’Aurore* 3rd ser., 3 (1942), pp.227–280.

别需要的；为我们寄送示范，亦即你们对同一课题将会怎样研究，在科学院为我们每一位配备一名通讯员，不仅代表你们指导我们的工作，而且在我们遇到困难和疑问时可为我们提供意见。在这样的条件下，我希望“中国科学院”会渐渐完善，会使你们非常满意。[1]

洪若等人想以法国皇家科学院的做法为他们研究的指导，这里所谓的“中国科学院”，实质上是法国皇家科学院的中国分院，即由法国在华耶稣会士科学家组成的科学团体。他们来华的真正目的并非是为中国人建立起一个真正独立的科学研究机构。

1687 年 11 月 8 日，洪若给卡西尼写信，呼吁寄来更多的天文仪器：

我请求您不要忘记寄给我您认为必要的对天文学的一些看法：日月食的推算、行星的位置等，同时通知我我们所能做的观测，以便阐释我们科学中还存在的疑问。我也请您（寄来）月亮类型的样本，我指的是那些您为

[1] 巴黎外方传教会（MEP）档案馆，vol.479，p.33.

观测月食所印刷的小型的图。[1]

洪若也要求寄送在科学院观测基础上刻印的法国地图，以了解各地经度的观测结果。为了能为巴黎天文台服务，他认为必须在北京安装同样的天文仪器，来装备北京的天文台，希望科学院能够提供一些神奇的新仪器，介绍一些新方法。同一天，洪若给科学院的 Jacques Borelli 也写了信："我将把您的 55 和 80 法尺长的美丽的望远镜安装在北京的天文台。"洪若还给皇家图书馆和皇家科学院图书馆管理员 Melchisédech Thévenot（c.1620—1692）写信："我们将在北京为皇家图书馆寻找书籍。"当时法国想编纂涵盖所有语言的优秀字典，洪若对此表示他们很乐意负责汉语字典的编纂。

洪若在宁波期间，还写信给路易十四的大臣卢瓦（Marquis de Louvois，François Michel Le Tellier，1639—1691），请求政府赠送更多的仪器和书籍。洪若的手稿为我们提供了下面一个清单[2]：

---

[1] 巴黎外方传教会（MEP）档案馆，vol.479，p.34.

[2] 巴黎外方传教会档案馆，vol. 479，pp.39–40。参见韩琦：《康熙朝法国耶稣会士在华的科学活动》，《故宫博物院院刊》1998 年第 2 期，第 68—75 页。

1）给洪若：

两件秒摆，应调整得很好，可用于观测；一个半径 3 法尺的象限仪；大纪限仪；新的数学著作，特别是科学院的著作。

2）给刘应：

像 Danet 的字典一样好的字典，以与中文相对应；语法书；金尼阁和卫匡国的关于中国历史的书。

3）给李明：

艺术字典，以及包括艺术术语的法文著作；一本好的建筑书。当时洪若等有 Vitruve 的建筑书，但要求有各种建筑的更详细的著作；Aqueduques 和 Fontaines 的书，导引水的方法；一些涉及大炮和炮弹铸造的书，关于漆和玻璃制品的资料。

4）给白晋：

皇家科学院的先生们迄今为止撰写的有关动植物自然史的著作；Du Verne 所写的小论文。Bouchain 的动物史，或其他动物史；一些法文的动植物著作，以了解植物的术语；植物的解剖学；Hook 先生的显微观测法；一些学习做解剖的仪器；带标签的不同药物和矿物的样本；Thévenot 的满文字典（如果已经出版的话）；叙利亚文、希伯来文的字典和语法。

5）给张诚：

描述法国和欧洲现状的书籍；在适当场合送给官员和皇帝的一些小礼物。一些双、单的带温度计的气压计。

从这个物品单可见洪若等耶稣会士对科学调查之热情与考虑之周密，以为他们来华的科学使命服务。

之后，法国科学院指定了一些院士与在华耶稣会士通信，耶稣会士则把一些科学观测报告发回法国，同时回答科学院交给他们的有关中国的各种问题；科学院则经常给在华的耶稣会士寄送科学院的杂志与其他科学书籍，对他们进行指导，还不时把新的科学仪器运到中国，以供观测之用。这种密切交往使在华法国耶稣会士能及时掌握法国科学的新进展。洪若等人自称为皇家科学院的“中国科学院”成员，肩负皇家科学院的科学使命，明确说明他们在华的工作是科学院计划的一部分。

由于沿海路来华常遭风险，因此从利玛窦（Matteo Ricci，1552—1610）以来就一直有人在寻求由欧洲通向中国的陆上之路。1676年，当俄使来华期间，南怀仁萌发了通过俄国领土到达中国的想法。为此，南怀仁写了几封信到欧洲，其中一封通过路易十四的忏悔神甫拉雪兹传到了路易十四的手中。路易十四在决定派遣洪若等人作为“国王数学家”从海上到中国去的同时，打算寻求一条新的陆上交通路线，让法国耶稣会士免受葡萄牙保教权的约束。

1680 年，南怀仁派耶稣会士柏应理到巴黎，以获得法国的支持。柏应理在法国期间，曾与法国耶稣会士 Philippe Avril（1654—1698）会谈，Avril 从柏应理那得知海上之路的危险：乘船来华的六百名耶稣会士中，活着到达中国的不到百人。Avril 就是后来参加陆上探险的耶稣会士之一。

从 1686 年初起，Avril 一行历尽艰险于 1687 年初到达莫斯科，但彼得大帝的大臣们对他们并没有表示同情。当时俄国政府引用了一条法律：任何人若不能提供身份良好的证明，不得经过西伯利亚前往中国。[1] 所以他们作为法国的公民，必须从巴黎取得必要的证明。虽然他们的行动受到了挫折，Avril 仍在计划西伯利亚之行。与此同时，他

---

[1] J. Sebes 著、王立人译：《耶稣会士徐日升关于中俄尼布楚谈判的日记》，北京：商务印书馆，1973，第 93 页。

派了一名耶稣会士回法国，请法王给予必要的证明。为此，路易十四分别给彼得大帝与康熙帝写了信。在给彼得大帝的信中，路易十四请求俄国给予法国耶稣会士各种方便，以便他们能顺利到达北京。在给康熙帝的信中这样写道：

> 至高无上的、最杰出的、最强大的、最宽宏的康熙皇帝陛下，我们非常亲密的好朋友，愿上帝增添您的伟大并祝未来美好。我们敬悉：陛下亟待在您的周围、在您的领土上，汇集一批精通欧洲科学的博学之士。为此，我们曾在数年前决定，为陛下派遣六位数学家——我们的臣民，为陛下展示科学的神奇瑰异，尤其是建立在我们美丽的城市巴黎的著名的皇家科学院的天文观测；但大海把我们两国分开了，由于海途遥远，航行极易发生不测，不经历千难万险和漫长的旅途难以到达贵国。因此，为使陛下满意，我们构想了这个计划，出于尊敬和友谊的考虑，我们保证派遣更多的耶稣会士数学家，和Syri伯爵（按：Syri只挂名，实际上由Avril负责）一起经由最近的、最安全的陆路抵达陛下身边，他们可能是陛下周围的第一批到达者，当Syri伯爵返回时，我们对陛下非凡可敬的一生会有真实的了解。祝愿上帝增添您

的伟大，并祝未来幸福。

您的最亲密的好友路易

1688 年 8 月 7 日于 Marly[1]

法国耶稣会士准备经由莫斯科和西伯利亚去中国的消息传至波兰后，许多波兰耶稣会士要求参加，后来有几位精通科学的耶稣会士加入了这个行列，一位是大学的数学教授，一位是精通哲学、数学的波兰显贵。这批耶稣会士身带天文仪器，每经重要地区，都进行天文观测，以确定经纬度，并考察各种自然界的动植物。由于俄国政府对他们不欢迎，即便他们带有路易十四的信件，仍受到重重阻难，最后 Avril 因病不得不返回巴黎。和洪若等人来华一样，Avril 等人也是为了在中国进行科学观测和传教，可惜的是，他们的探险却以失败而告终，路易十四的信最后也没有送达康熙手中。

---

[1] P. Avril, *Voyage en divers états d'Europe et d'Asie, entrepris pour decouvrir un nouveau chemin à la Chine*. Paris, 1692. 英文本，*Travels into divers parts of Europe and Asia, undertaken by the French King's Order to discover a new way by land into China*. 1693. Book 4, Travels in Muscovy, p.13. 法王路易十四给彼得大帝的信。参见杜石然、韩琦：《17、18 世纪法国耶稣会士对中国科学的贡献》,《科学对社会的影响》, No.167（1993，No.3），第 55—64 页。

四　蒙养斋的设立与康熙时代的科学活动

康熙时代为何编纂《钦若历书》（雍正初改名《历象考成》）《数理精蕴》等天算著作？法国耶稣会士是否向康熙介绍过法国皇家科学院及其活动？他们来华的科学使命康熙是否了解？康熙时代的科学活动与皇家科学院的活动有何关系？这是中法科学交流史上非常重要的问题，下面将根据新发现的史料，对此作出解释。

清初沿用明末编成的《崇祯历书》（改名为《西洋新法历书》），所采用的仍是丹麦天文学家第谷的折中体系。1711 年，康熙发现钦天监用西法计算夏至时刻有误，与实测夏至日影不符，于是对大臣说：

> 天文历法，朕素留心。西洋历，大端不误，但分刻度数之间，久而不能无差。今年夏至，钦天监奏闻午正三刻。朕细测日影，是午初三刻九分，此时稍有舛错，恐数十年后，所差愈多，犹之钱粮，微尘秒忽，虽属无几，而总计之，便积少成多，此事实有证验，非比书生

作文，可以虚词塞责也。❶

就此问题，康熙询问了刚到北京不久的耶稣会士杨秉义（Franz Thilisch，1670—1715），他用利酌理（Giovanni Battista Riccioli，1598—1671）的表计算，所得结果与钦天监的计算不一致，康熙这才知道西方已有新的天文表，因此命皇三子胤祉等向传教士学习，同时，自己也向耶稣会士学习历算知识。1712 年，杨秉义和法国耶稣会士傅圣泽（J.-F. Foucquet，1665—1741）向康熙介绍天文学。为此傅圣泽开始翻译西方数学、天文学著作，介绍了开普勒（刻伯尔）、卡西尼（噶西尼）、腊羲尔等人的学说，许多是根据皇家科学院的著作写成的。其中有《历法问答》等天文学译著，❷ 以及代数学著作《阿尔热巴拉新法》、佛拉哥（Adriaan Vlacq，1600—1667）的对数著作等。❸

---

❶ 《圣祖实录》（三）卷 248，中华书局，1985，第 456 页。

❷ 关于《历法问答》，参见 Hashimoto Keizo & Catherine Jami, "Kepler's laws in China: A missing link? J.-F. Foucquet's *Lifa wenda*," *Historia Scientiarum* 6—3 (1997)，pp.171–185。

❸ J. W. Witek, *Controversial Ideas in China and in Europe: A Biography of J.-F. Foucquet, S.J. (1665—1741)*. Rome, 1982.

王兰生是大学士李光地的学生，精通音韵，因为李光地的引见，与数学家梅文鼎之孙梅瑴成一起，受到康熙的格外重视。康熙五十二年七月初五日奉旨：“生员王兰生、梅瑴成做人正道，所学亦好，赐与举人，一体会试。”[1] 1721 年，又赐与王兰生进士。允许精通音韵、历算的人士破格参加会试和殿试，这种优厚待遇，似乎有清一代也不多见，这反映了康熙对编制历算著作之重视。1713 年，王兰生撰“历律算法策”，从“西学中源”出发[2]，为康熙时代编修天文历法书籍作宣传[3]，其中称：

> 从来敬天勤民，莫大于授时，移风易俗，莫善于作乐。夫时纪于历，乐本于律，而历与律之所由成，则皆

---

❶ 王兰生:《交河集》卷一“恩荣备载”。

❷ 王兰生在“历律算法策”中从多方面论证了西学源自中国，这种看法受到了时代的影响，与康熙和梅文鼎的提倡密切相关。关于康熙时代的“西学中源”说及其相关文献，参见韩琦:《君主和布衣之间：李光地在康熙时代的活动及其对科学的影响》,《清华学报》(台湾)，新 26 卷第 4 期，1996 年 12 月，第 421—445 页。

❸ Han Qi, “Emperor, Prince and Literati: Role of the Princes in the Organization of Scientific Activities in Early Qing Period, ” in Yung Sik Kim & Francesca Bray eds., *Current Perspectives in the History of Science in East Asia*, Seoul National University, 1999，pp.209–216.

> 不能无藉于算焉，此固制作之大要也。愚闻之律历之学，盖莫备于虞夏成周之世者也。其法本创之中国，而流于极西，西洋因立官设科而其法益明。中土因遗经可考，而其理亦备。至于辨中西之异同，考古今之疏密，集诸说之大成，立万代之典制，则未有如我皇上者也。……顾西术之来有年矣，而知之者盖寡，惟我皇上明其理、精其数，而又欲广其传焉，故以之制历而历成之，造律而律定，此诚钦天成俗之大本，而礼乐明备之一候也，敢不述之以为执事献。❶

正是在王兰生等人的建议下，康熙五十二年（1713）九月二十日，康熙给诚亲王胤祉及十六阿哥下旨："尔等率领何国宗、梅瑴成、魏廷珍、王兰生、方苞等编纂朕御制历法、律吕、算法诸书，并制乐器，著在畅春园奏事东门内蒙养斋开局。钦此。"❷ 王兰生"自入蒙养斋，分较

---

❶ 王兰生:《交河集》卷五"历律算法策"。王兰生在《律历渊源》的编纂过程中起到了十分重要的作用,《律吕正义》和《钦若历书》都经他之手编成,《交河集》生动记载了王兰生一生的重要活动，和康熙、诚亲王、李光地的密切关系，是了解康熙时代科学、学术活动的重要资料。

❷ 王兰生:《交河集》卷一"恩荣备载"。

《律吕正义》《数理精蕴》《卜筮精蕴汇义》，纂辑韵书。”[1]

蒙养斋算学馆设在畅春园内，主要编译《钦若历书》《数理精蕴》等书，是临时性的修书机构，事竣即行裁撤。在此之前，曾在全国征访精通历算、音乐及其他有特长的人才，许多学者被吸收进馆，江南武进县杨文言因“颇通才学，兼通天文”，被胤祉召到北京。1706年，“李光地荐苏州府学教授陈厚耀通天文算法，引见改内阁中书，圣祖试以算法。……圣祖命入值内廷，授编修，与梅瑴成同修书。”[2]1712年，梅瑴成受征汇编《律历渊源》，明安图当时也应参预其事，受征的人聚集在畅春园。在《钦若历书》《数理精蕴》编纂时，亦即大地测量期间，传教士经常出入畅春园，受康熙召见，并回答康熙的各种问题，许多在蒙养斋编纂历算著作的人（如梅瑴成、明安图等）在传教士指导下进行学习和测量。《清史稿》对蒙养斋也有记载：

圣祖天纵神明，多能艺事，贯通中西历算之学，一时

---

[1] 王兰生：《交河集》卷一“恩荣备载”。

[2] 章梫：《康熙政要》卷一八。

鸿硕，蔚成专家，国史跻之儒林之列，测绘地图，铸造枪炮，始仿西法，凡有一技之能者，往往召直蒙养斋。[1]

1714年，康熙谕和硕诚亲王胤祉等：

北极高度、黄赤距度，于历法最为紧要，著于澹宁居后每日测量寻奏。测得畅春园北极高三十九度五十九分三十秒，比京城观象台高四分三十秒。黄赤距度，比京城高二十三度二十九分三十秒，报闻。[2]

同年，胤祉上奏至各地测北极高度事，并“以《御制律吕正义》进呈，得旨：律吕、历法、算法三书，著共为一部，名曰《律历渊源》。”[3]

编写《钦若历书》的另一个原因是有人觉得传教士在编撰《西洋新法历书》时“自秘其学，立说复深隐不可解”。[4] 上面对《钦若历书》编纂的缘起进行了解释，

---

❶ 《清史稿》艺术传一。
❷ 《圣祖实录》卷二六〇。
❸ 《圣祖实录》卷二六一。
❹ 四库全书《历象考成》提要。

下面将探讨蒙养斋的设立和法国皇家科学院的关系。

如上所述，法国耶稣会士在华的科学活动是皇家科学院世界性科学考察的一部分，他们肩负着传教与科学考察的双重使命。和洪若一样，白晋也抱有在中国建立科学院的设想，到北京后不久他就掌握了满文，他的语言才能与科学素养深得康熙之赏识。受康熙帝的委托，1693 年，白晋从北京动身，回法国招募耶稣会士来华，事实上充当了中法文化交流的使者。他带了三百多卷中文书，作为赠送路易十四的礼物。1697 年 3 月，白晋回到法国。在法国期间，白晋撰写了《康熙皇帝》一书，曾提到康熙打算在中国建立一个科学院：

> 因此，这位君主希望拥有的，正是您的臣民并且精湛各种技艺与科学的耶稣会士，目的是与已经在宫廷里的耶稣会士一起，在那里建立起某种从属于您的皇家科学院的“科学院”，自从我们用满文为他撰写了一些小册子，其中为他简单展示了皇家科学院的智慧，他就对此评价甚高。他希望我们从所有的（科学院）论集中主要获取这种纯粹而优秀的源泉，并且对日后其他著作有所帮助；我们所有技艺与科学的著作，他都希望能够翻成他的语言，那么之后

就可以在他的帝国里为他们开设课程。❶

白晋提到康熙想在中国建立科学院，并附属于皇家科学院，这种想法显然是出于白晋自己的考虑，因为作为天朝大国，康熙绝不会把大清帝国的科学院作为法国皇家科学院的分支机构。白晋完全是为了迎合路易十四的旨意，以满足法国的需要，同时也为了达到向中国派遣更多耶稣会士的目的。❷这段话至少说明当时康熙对法国皇家科学院已有所了解，但在1699年之前，大批法国耶稣会士尚未来华，康熙时代大规模的科学活动还未能顺利展开。

1713年康熙在畅春园蒙养斋设立算学馆，并在全国范围内进行天文测量，实际上是受到了法国皇家科学院的影响，因为当时傅圣泽在《历法问答》中向康熙介绍了法国“格物穷理院”“天文学宫”（亦即法国皇家科学

---

❶ Joachim Bouvet, *Portrait historique de l'Empereur de la Chine*. Paris, 1697, pp.247–248.

❷ 白晋和莱布尼茨通信中也谈到在中国创建科学院之事，参见 Rita Widmaier ed.，*Leibniz korrespondiert mit China: der Briefwechsel mit den Jesuitenmissionaren (1689—1714)*. Frankfurt am Main: Vittorio Klostermann, 1990，p.177.

院和巴黎天文台）在天文学方面的最新成就，也介绍了法国天文学家到各地进行测量的情况，书中云：

> 昔富郎济亚国之格物穷理院中，诸天文士，皆于此讲究，因二道相距之说，各有异同，难以意见断定。然此实天文之枢机，又正不可以无定也。乃于康熙十年时，上请于王，爰差数人，分至古昔天文名家所测候之所，以测验近今之天行，与古昔之天行，有变易否，又且不远万里，使院中名士利实尔，至近赤道下之海岛，名为噶耶那。[1]

因此康熙和皇三子胤祉等人对法国科学院是有所了解的，他们想模仿法国的科学制度，这是设立蒙养斋算学馆，编纂《钦若历书》《数理精蕴》等大型历算著作的重要原因。法国耶稣会士对促成中国的科学制度改革，起到了一定的积极作用。

此外，白晋等人在写给康熙的报告中也曾提及他们来华之目的，以及和皇家科学院、巴黎天文台等学术机

[1] 《历法问答》日躔，大英图书馆藏，第 52 页。

构的关系："在本国临行之时，国王亲嘱有三"，其中有"本国天文格物等诸学宫广集各国道理学问，中国其来甚久，道理极多，又闻中国大皇帝天纵聪明，超绝前代，尔等至中国，若得其精美者，直寄本国，入学宫，垂之不朽。"[1] "天文格物诸学宫"，即指巴黎天文台和皇家科学院等科学机构。

以上史料说明，《钦若历书》成书之前，法国耶稣会士介绍了许多法国皇家科学院的工作，使得康熙及其皇三子胤祉对科学院及其活动有充分的了解，并试图加以仿效。

《钦若历书》的成书大概经过了两个阶段，首先在畅春园和全国各地进行测量（如黄赤交角的测定），之后以传教士为指导进行计算和编纂。自 1708 年开始大地测量至《钦若历书》编纂期间，庞嘉宾（Kaspar Castner，1665—1709）、杜德美（Pierre Jartoux，1669—1720）、严嘉乐（Karl Slaviček，1678—1735）等耶稣会士起到了一定的作用。在皇三子胤祉周围，聚集了一批文人

[1] 梵蒂冈教廷图书馆，Borg. Cinese 439，白晋的奏折当写于 1713 年底至 1714 年之间。

（如陈梦雷、王兰生、杨文言等）为其编书，其中包括天文方面的著作。需要提及的是李光地在康熙年间，聘请梅文鼎讲学，培养了一批人才，为《钦若历书》的编成创造了条件。[1]“雍正二年五月十七日奉旨开载纂修编校诸臣职名”中包括庄亲王允禄、诚亲王胤祉；汇编何国宗、梅瑴成；分校魏廷珍、王兰生、方苞；考测顾琮、明安图等十人；校算何国柱等十五人；校录吴孝登等十五人。梅瑴成、魏廷珍、王兰生等人都可称是李光地的弟子。

《钦若历书》上编“揆天察纪”，共分十六卷，包括历理总论，对天象、地体、历元、黄赤道、经纬度、岁差等天文学的基本概念、常数作了解释。关于岁差，“今新法实测晷影，验之中星，得七十年有余而差一度，每年差五十一秒。”黄赤交角对座标（黄、赤道）换算特别关键，因为当时的许多测量工作都在畅春园进行，因此畅春园纬度的正确测定很重要，“黄赤距纬”介绍了根据

---

[1] 韩琦：《君主和布衣之间：李光地在康熙时代的活动及其对科学的影响》，《清华学报》（台湾），新 26 卷第 4 期，1996 年 12 月，第 421—445 页。法文本“Patronage scientifique et carrière politique: Li Guangdi entre Kangxi et Mei Wending”, in *Etudes Chinoses*, vol.16, no.2, automme, 1997，pp.7–37.

多次测量夏至午正太阳高度得出的新的黄赤交角值，即23度29分30秒。《钦若历书》据此重算了天文表（如庞大的“黄赤经纬互推表”）。清初采用的黄赤交角是23度31分32秒（《西洋新法历书》），傅圣泽改为23度29分，《钦若历书》的值与此值很接近，这说明《钦若历书》的编纂和傅圣泽《历法问答》有很大关系，亦即和皇家科学院及巴黎天文台的工作密切相关，因为傅圣泽提到“二道相距之说”“实天文之枢机”，强调了实测黄赤交角的重要性。

《钦若历书》下编“明时正度”，包括日躔、月离历法；月食、日食历法，以及五星、恒星历法等共十卷，主要介绍各种天文数据及表格的用法。此外还有日躔、月离、五星、恒星、黄赤经纬互推等表共十六卷（《御制钦若历书表》），在每一表前说明用法。《钦若历书》在天文体系上仍沿用第谷的体系，只是反复进行观测，提高了精度，并改进了一些天文数据，使得日月食的预报更为精确。由于《钦若历书》在理论上没有多大改进，因此在日、月食的预报上，误差仍然不小，其缺陷很快被后来负责钦天监工作的德国耶稣会士戴进贤（Ignaz Kögler，1680—1746）发现，这促成了《历象考成后编》的编纂。

五 结 语

综上所述，蒙养斋的科学活动和法国皇家科学院的活动有一定的关系，这两个机构在某些方面相似，但又有本质上的不同。首先，它们的共同点是，蒙养斋和皇家科学院都得到国家的支持。皇家科学院在世界范围内进行天文观测，以确定经纬度、绘制地图，推动了天文学和地理学的发展。蒙养斋算学馆设在皇家花园畅春园中，由皇三子胤祉亲自领导，这说明这一机构创建伊始就打上了皇家的色彩。在传教士的指导下，皇家科学院的活动在中国也得到了实施，在某种程度上康熙时代的大地测量和法国的科学活动密切相关，法国耶稣会士在华的活动是皇家科学院科学考察活动的一部分，没有科学院的全力指导，这种科学考察活动是不能圆满完成的。

法国皇家科学院设立了院士制度，招聘外国科学家，以推动本国科学的进步，这是法国在 17、18 世纪科学成功的重要原因之一。通讯院士的设立也促进了法国科学的发展，他们被派到国外进行动植物考察和天文观测，以收集更多的科学数据，并寄回欧洲。而蒙养斋算学馆只是临时性的机构，虽然从全国各地招聘了一批学习历算的人才，由国家给予一定的支持，在畅春园和全国各地进行观测活动，但缺少计划性，除了经纬度测量之外，很少进行其他天文观测，也没有吸收法国在天文学方面的新进展，特别是在木卫观测方面的成果。清廷也没有建立院士和通讯院士制度，没有一定的奖励机制，没有对有功人员给予较高的荣誉。雍正继位之后，蒙养斋的科学活动就不再继续下去。法国皇家科学院负责科学出版物的审查和优秀论文的颁奖，使得科学院在公众中的地位得到提高；而康熙时代根本没有定期刊物，也没有设立论文奖，科学著作也不能得到广泛流传和普及，不利于科学的发展。

科学近代化是中国科学史上一个重要话题，明末以来，随着和西方交往的增加，给中国人提供了很好的机遇。徐光启组织的《崇祯历书》编纂活动，是对西方科学的积极回应。但是，清初由杨光先等挑起的反教案，使一些天文学家被杀，造成学习西学的热潮陡然降到了最低点。1688 年，法国耶稣会士来华，给中国科学近代化提供了新的机会。康熙皇帝和路易十四是当时世界上最强有力的君主，路易十四主动给康熙写信，想建立联系，但我们尚未发现康熙和路易十四的直接来往。法国耶稣会士来华后，两国确实在科学方面产生了相当多的接触，促进了中国科学的进步，但法国科学并未完全被中国人所接受，只在宫廷流传。康熙皇帝一心想以朝廷自己的力量，来编纂历算书籍，以达到造就人才摆脱西洋人控制之目的，这也是当时设立蒙养斋，投入大量人力、物力的重要原因。康熙时代的科学活动，可谓轰轰烈烈了一阵，却以偃旗息鼓告终。这一悲剧的另一重要原因是，蒙养斋算学馆只是临时性机构，历算书籍编竣即被裁撤，因此康熙时代法国耶稣会士来华，并未能使中国科学近代化。

第二节

君主和布衣之间：李光地在康熙时代的活动及其对科学的影响[1]

在清初政治史和学术史上，李光地是一个具有深远影响的重要人物，学者已多有论述。[2]在科学活动组织方面，李光地也扮演了重要的角色，如他协调康熙皇帝和梅文鼎，在君主和布衣之间架起桥梁，以迎合当时天文历算研究之需要，但迄今对这一问题尚缺乏全面的分析和论述。[3]本节试图综合社会、政治、学术、宗教诸

---

[1] 此文原载《清华学报》（台湾），新26卷第4期，1996年12月，第421—445页。此次发表，对个别史实作了修订和补充。

[2] 近年来关于李光地的研究颇多，《清史研究》1993年第1期有专版讨论，如王思治：《李光地简论》（第36—44页）、陈祖武：《李光地的历史地位》（第62—68页）、杨国祯、张和平：《李光地和熙朝吏治》（第46—52页）、陈梧桐：《论李光地对清初统一事业的贡献》（第53—61页）等从不同的角度对李光地进行了研究。

[3] 关于梅文鼎的研究，参见王萍：《清初历算家梅文鼎》，《中央研究院近代史研究所集刊》第2期（1971），第313—324页；刘钝：《清初（转下页）

因素，并考虑李光地的为人、性格及与康熙皇帝、梅文鼎等人的关系，对李光地在清初科学发展中所起的作用，从科学社会史的角度进行新的探讨。

一 康熙学习西学之开端

明末耶稣会士来华，传入了西方的科学与宗教。崇祯年间，在徐光启、李天经等人的组织下，编成了《崇祯历书》，但未及颁行，明朝就告灭亡。清兵进入北京之后，耶稣会士汤若望向清廷进呈《崇祯历书》（改名为《西洋新法历书》），从此，西方的历算著作为官方正式使用。[1] 17 世

（接上页）历算大师梅文鼎》，《自然辩证法通讯》，第 1 期（1985），第 52—64 页；严敦杰：《梅文鼎的数学和天文学工作》，《自然科学史研究》，第 8 卷第 2 期（1989），第 99—107 页。李迪、郭世荣：《清代著名天文数学家梅文鼎》，上海：上海科学技术文献出版社，1988；关于梅文鼎和李光地的关系，参见郭世荣：《李光地对梅文鼎学术研究的支持与促进》，《数学史研究文集》第二辑，呼和浩特：内蒙古大学出版社；台北：九章出版社，1991，第 91—95 页，但此文并没有讨论李光地支持梅文鼎背后的复杂因素。

[1] 黄一农：《汤若望与清初西历之正统化》，载吴嘉丽、叶鸿灑主编《新编中国科技史》，台北：银禾文化事业公司，下册，1990，第 465—490 页。

纪60年代，杨光先挑起的反教案[1]，是清初政治史、文化史、科学史上的重要事件，直接影响了西方宗教和科学在中国传播的进程。康熙在幼年时代，因杨光先和汤若望之间的历法之争而深受震动，在《御制三角形推算法论》中，他提及了学习西方历算的原因：

> 康熙初年，因历法争讼，互为讦告，至于死者，不知其几。康熙七年，闰月颁历之后，钦天监再题，欲加十二月又闰，因而众论纷纷，人心不服，皆谓从古有历以来，未闻一岁中再闰，因而诸王九卿等再三考察，举朝无有知历者，朕目睹其事，心中痛恨，凡万几余暇，即专志于天文历法一十余载，所以略知其大概，不至于混乱也。[2]

---

[1] 黄一农：《择日之争与康熙历狱》，《清华学报》，新21卷第2期（1991），第247—280页。安双成：《汤若望案始末》，《历史档案》1992年第3期，第79—87页；安双成编译：《清初西洋传教士满文档案译本》，郑州：大象出版社，2015。

[2] 见满汉对照本《满汉七本头》内《御制三角形推算法论》（约1707年刻本，因同函内有武备院员外郎和素1707年为《潘氏总论》写的序）。后收入康熙《御制文集》第三集卷一九（康熙五十三年内府刊本），但康熙《御制文集》中“凡万几余暇，即专志于天文历法二十余年”一句与满汉对照本相差十年。满汉本刊刻不精，《御制文集》当更为可靠。（转下页）

也就是说，历法之争直接导致了康熙学习西方科学。教案之后，康熙对西学非常关注，经常委派朝廷要员负责历算的考验测量工作。1672 年，耶稣会士南怀仁和杨燝南互相参告❶，康熙为此将熊赐履召至懋勤殿，谕之曰："闻尔素通历法，故命尔同九卿科道等官，会看南怀仁、杨燝南等测验。治历明时，国家重务，尚其钦哉。"❷熊赐履则对曰："臣章句小儒，从事于格物之学，故如步算占候之类，亦尝讲求其理，然不过粗知梗概，未能洞悉精微。今既承圣谕，敢不尽心看验，以副简命。"❸看来，熊赐履对历算之学有所了解，故康熙帝委之以此重任。

历法之争在清初反响极大，汉人士大夫对"历狱"

（接上页）金福认为《三角形推算法论》成书于 1704 年，见其《清初改历斗争与康熙帝天算学术：〈三角形推算法论〉》，载《内蒙古师大学报》（自然科学版，科学史增刊）1989 年第 1 期，第 20 页。当时文人都很熟悉《三角形推算法论》，如查慎行《人海记》谈到了这篇文字。此文实初成于 1703 年，1703—1705 年间，康熙广为宣传，还译为满文，影响很大。参见韩琦：《康熙帝之治术与"西学中源"说新论：〈御制三角形推算法论〉的成书及其背景》，《自然科学史研究》2016 年第 1 期，第 1—9 页。

❶ 黄一农：《杨燝南：最后一位疏告西方天文学的保守知识份子》，《汉学研究》1991 年第 1 期，第 229—245 页。

❷《康熙起居注》一，第 51—52 页，康熙十一年八月十二日。

❸ 同上。

的态度也颇为不同，并衍生出不少传说。[1] 梅文鼎在《中西算学通》自序中曾道出了当时中学、西学争论双方的情形：

> 读者每难卒业，又奉耶稣为教，与士大夫闻见龃龉。其学者又张皇过甚，无暇深考乎中算之源流，辄以世传浅术，谓古九章尽此，于是薄古法为不足观。而或者株守旧闻，遽斥西人为异学，两家之说遂成隔碍，此亦学者之过也。[2]

在这样的背景之下，为自己能明断西方科学和传统科学的优劣，平息争论，康熙向耶稣会士学习西方知识。1668年，康熙向耶稣会士询问西洋风俗，利类思（Lodovico Buglio，1606—1682）、安文思（Gabriel de Magalhães，1610—1677）、南怀仁便编成《御览西方要记》，进呈康熙皇帝。南怀仁还向康熙介绍《穷理学》和

---

❶ 黄一农：《康熙朝汉人士大夫对“历狱”的态度及其所衍生的传说》，《汉学研究》1993年第2期，第137—161页。

❷ 梅文鼎：《绩学堂文钞》卷二，第23页。

其他科学知识。[1] 但由于康熙当时年纪还轻，国内尚未平定，还无暇集中精力学习西方科学。

17 世纪 70 年代，京师学术活动极为频繁。1678 年，召征博学鸿儒，次年三月，在太和殿御试“璇玑玉衡赋”和“省耕诗”。[2] 康熙设立博学鸿词科，在全国范围内选拔了数十名学者，让汉人编修史书，以拉拢箝制汉族文人。[3] “璇玑玉衡赋”竟然是试题之一，颇耐人寻味。璇玑、玉衡通常被看作中国古代的天文观测仪器，这使人联想到，康熙之目的可能是想借此考察汉人的科学修养，这与他的科学兴趣不无关系。此赋影响很大，当时入选的鸿儒，多把此赋收入自己的文集中。[4] 连没有参加考试的梅文鼎，也大约在 1689 年到北京之后，拟作长篇“璇

---

❶ 据《康熙起居注》和《熙朝定案》。

❷ 尤侗:《西堂余集》年谱卷下，康熙刊本。清初在科举考试中是否有科学内容，尚待研究，关于明末科举中的科学内容，参见［美］艾尔曼（B. Elman):《晚明儒学科举策问中的“自然之学”》,《中国文化》1996 年第 13 期，第 132—148 页。

❸ 关于《明史》的纂修，参见黄云眉:《〈明史〉编纂考略》，载其《史学杂稿订存》，济南：齐鲁书社，1980；李晋华《明史纂修考》，哈佛燕京学社，1933；陈守实:《明史抉微》，载《明史考证抉微》，台湾：学生书局，1968。

❹ 施闰章《施愚山集》、尤侗《西堂全集》、汤斌《汤子遗书》都把此赋收入文集。

玑玉衡赋”[1]，充分体现了其渊博的天文学知识，此赋被争相传抄，一时洛阳纸贵。[2]所以，在某种意义上，此赋对推动历算研究起到了一定的作用。但参加博学鸿词科的学者无人精通历算，可以想见，这次答卷很难令康熙满意。康熙崇尚朱子，又对历算（历算作为实学）颇为重视。清初理学名臣“精研性理，好治经学，而于历数亦多通晓”[3]。究其原因，和康熙之提倡有重要关系。

二 观星台事件和李光地失宠之关系

李光地（1642—1718），字晋卿，号厚庵，福建安溪人。康熙九年（1670）中进士，同年选翰林院庶吉士，1672年授翰林院编修，1686年任掌院学士，1694年提督顺天学政，1698年授直隶巡抚，1703年任礼部尚书，1705年升文渊阁大学士，名声显赫一时。[4]他曾陷

[1] 梅文鼎：《绩学堂文钞》卷一，乾隆刊本，又见《梅氏丛书辑要》杂著。
[2] 徐用锡：《圭美堂集》，乾隆刊本。
[3] 王锺翰：《康熙与理学》，《历史研究》，第3期（1994），第116—122页。
[4] 从康熙四十四年至五十七年，李光地做了十二三年的大学士。

入官场之争，虽为官时有升降，但他能投康熙皇帝之所好，致力于学术研究，凡《周易》、音韵及朱子之学，皆有所好，曾奉旨编纂《朱子全书》《周易折中》《性理精义》诸书，提倡朱学，甚为得力。清初学术门户之争颇烈，如何在朱、王学说之间作出选择，以迎合时势之需，争论相当激烈。[1] 李光地在当时复杂的背景之下，实能揣摩康熙之心理，故深得康熙赏识，以至康熙有“朕知之最真，知朕亦无过光地者！”之叹。[2]

1687 年春，李光地疏乞终养，请假一年。临走前，康熙特意召见李光地，谈论历算，特别是关于西方天文学，这是康熙和李光地讨论西洋科学的首次记载：

> （上）又问：“历法日月交蚀、五星留逆、凌犯，古人推得多错，其原安在？”奏曰：“历法不能不差，……即今历极精，然稍久亦当必差，所以要随时修正。”上曰：“古人七政各为度数，所以难于推算。今西洋人打几个团

❶ 关于清初朱、王学说之争，参见王茂等著：《清代哲学》，合肥：安徽人民出版社，1992，第 35—69 页。关于李光地为学宗尚之转变，参见陈祖武：《清初学术思辨录》，北京：中国社会科学出版社，1993，第 209—213 页。

❷ 赵尔巽等撰《清史稿》卷二六二，列传四十九，李光地传，北京：中华书局，1977，第 9899 页。

圈，大底三百六十，小底亦是三百六十，就能推算盈缩，这是他一点好处。”……上又问：“西洋历法果好么？”奏曰：“其法先行甚精密，臣所取者其言理几处明白晓畅，自汉以来历家所未发者。看来西洋人学甚荒唐，而谭历却精实切当，此乃本朝历数在躬受命之符也。皇上戡平祸乱，功德巍巍，臣不敢赞。即制度文为有两事，足跨前古。”上问：“何事？”奏曰：“历法其一也。又满州十二字头尽合古韵，得天地之元声，亦从来所未及。”❶

李光地为政之余，除研习朱子外，还对历算颇有爱好，与康熙的问对很有关系。1689 年，梅文鼎到达北京，不久李光地就把他聘入馆中，以梅文鼎为师，网罗爱好历算的学生，形成了清初研究历算的集体，为康熙时代蒙养斋开馆、《律历渊源》的编纂培养了一批人才。他为什么对天文历算抱以如此大的热情，个中缘由，值得深思。让我们先考察李光地和梅文鼎在 1689 年前后的一些活动。

1670 年李光地考中进士，后经清初理学名臣熊赐履

❶ 李清馥：《榕村谱录合考》卷上，载道光初李尔启刻本《榕村全书》，第 43 页。

（当时任掌院学士）的推荐，得到重用。[1] 1686年，李光地升任掌院学士，这是通向大学士的重要职位。但是到了康熙二十八年（1689）五月，李光地却受到康熙批评，被调为通政使司通政使，实权有所下降。为弄清李光地降职之经过，有必要回顾在此前后康熙和李光地的一些活动。令人颇感兴趣的是，李光地的调职，与1689年康熙南巡时在南京观星台的活动有一定关系。

事情经过是这样的。康熙二十八年，李光地扈从康熙南巡，二月二十七日在南京，为观测天象，康熙在一班大臣的护拥下到达观星台，李光地也得以随侍。李光地曾生动地记载了康熙在观星台的活动：

> 己巳年（1689），上南巡。……予随驾至南京，果见

---

[1] 康熙十一年（1672）八月十二日，康熙和熊赐履谈论学问时，熊赐履推荐了李光地等人。康熙问道："汉官中有与尔同讲学的否？"熊赐履对曰："学问在实践，不在空讲。近见候补御史魏象枢、臣衙门翰林李光地、王宽兹三人，俱有志于理学。"见《康熙起居注》一，第5页。张廷玉《澄怀园文存》（光绪十七年刊本）卷十五（第4页）"张英传"亦称："癸丑（1673年）分校南宫，……是年春，上御讲筵，谕掌院学士傅公、熊公选文学之臣醇谨通达者入侍左右，讲论经史。二公以名进者四人，为今大学士李光地及蔡公启僔、耿公愿鲁，而府君名在第一，遂有每日进讲之命。"可见，熊赐履多次推荐了李光地。

孝感（按：即熊赐履）日中而入，上屏退左右，与语至黄昏始出。上问孝感："李某学问何如？"曰："一字不识，皆剽窃他人议论乱说，总是一味欺诈。"上曰："闻得他晓得天文历法。"曰："一些不知，皇上试问他天上的星，一个也不认得。"孝感才出，上便卒然上观星台。……既登，予与京江（按：即张玉书）相攀步上，气喘欲绝。上颜色赤红，怒气问予云："你识得星？"予奏曰："不晓得，不过书本上的历法剿袭几句，也不知到深处，至星象全不认得。"上指参星问云："这是甚么星？"答以参星。上云："汝说不认得，如何又认得参星？"奏云："经星能有几个，人人都晓得，至于天上星极多，别底实在不认得。"上又曰："那是老人星？"予说："据书本上说，老人星见，天下太平。"上云："甚么相干，都是胡说，老人星在南，北京自然看不见，到这里自然看得见，若再到你们闽广，连南极星也看见，老人星那一日不在天上，如何说见则太平。"……上问淡人（即高士奇）："李某学问如何？"曰："不相与，不知。"[1]

---

[1]《榕村语录续集》卷一四，傅氏藏园刻本。又见李光地著、陈祖武点校《榕村语录•榕村续语录》（下），中华书局，1995，第741—742页。

在中国古代，老人星的出现，被视为“仁寿之征”，故李光地奏称“老人星见，天下太平”，想借此讨好康熙，但适得其反，遭到了康熙的责备。老人星即船底 α Car，亮度为 -0.86 等，也可说是负一等星，据推算，1689 年其赤纬为 -52°33'57"，因南京的地理纬度为 32°，故当时老人星出地平最高为 5°26'03"，可以见到老人星；而北京的地理纬度约为 40°，故老人星始终位于北京的地平线之下，不能观测到。❶ 上述对话中康熙说在闽广（即现在的福建、广东一带）连南极星也能见到，这反映他的天文常识仍不够深入。

上述这段君臣对话表示康熙对李光地已抱有戒心，康熙想从他人口中探听李光地的为人，而熊赐履当时正因母丧在南京守制❷，故向熊氏打听。熊赐履可算是李光地的座师，而竟在康熙皇帝面前中伤李光地，说明师徒之间已交恶极深。❸ 李光地和熊赐履之间的恩怨，《榕村

---

❶ 孙小淳博士给出了计算老人星赤纬和地平高度的有关公式，特致谢意。

❷ “己巳（1689）春仲，孝感师相熊老夫子方居忧白下，恭遇圣驾南巡”，见康熙庚午受业高菖山为熊赐履《经义斋集》所写的跋。又《康熙起居注》提到“丁忧礼部尚书熊赐履”，北京：中华书局，1984，第 1842 页。

❸ 熊赐履和李光地的交恶，亦与对易学的观点不同有关，李清植（转下页）

语录续集》亦有记载，称："孝感（按：指熊赐履）气概亦笼罩人，似不可遽窥其底里，后频造求见，每往必有徐健庵（按：指徐乾学），及见时又不说及学问，及问所疑，又不答所问。"[1] 字里行间，流露出对熊赐履的不满。从中还可看出熊赐履和徐乾学关系非常密切。而徐乾学因向李光地递交陈梦雷的绝交书[2]，很可能引起李光地的不快，两人也可能为此积怨。

康熙南巡时，适逢"天主堂远西天学士"法国耶稣会士洪若、意大利耶稣会士毕嘉（Giandomenico Gabiani，1623—1694）在南京。洪若是法国著名的天文学家，作为路易十四的"国王数学家"被派遣到中国，

（接上页）《文贞公年谱》卷下（《榕村全书》本）称："（康熙二十八年春正月扈从南巡）公既蒙贷，嫉者益忌。先是有大臣某者，与公论易不合，及公丙寅（1686）还阙，有旨命就国史馆熟论三日，同僚闻者多是公，大臣心益不平，由是成隙，久之，大臣以阁事获谴，家居数年，至是，嫉者将超之以为助，阴嘱近臣高某相与口嘘手援之，上意稍回，适驾南巡，……于是大臣迎见。上果问：'李某学问何若？'对曰：'毫无知识。'"李光地的著作中有许多地方，都对熊赐履有微辞，二人积怨已经很深。

[1] 《榕村语录续集》卷一三，第 15 页。

[2] 关于李光地和陈梦雷之交恶，见王锺翰：《清史新考》，沈阳：辽宁大学出版社，1990，第 143—165 页。

来华前即以擅长观测享誉法国[1]，1688 年 2 月到达北京后，曾受到康熙之接见。对洪若的成就，康熙已有所耳闻。在南京时，毕嘉和洪若还向康熙进献“方物、测量仪器”。[2]

此次南巡，康熙所到之处，屡次召见传教士。据《熙朝定案》记载，康熙在到观星台观测星象之前，已经派侍卫赵昌向洪若、毕嘉打听能否在南京见到老人星[3]，他们就有关问题作了解答。《熙朝定案》云：

（康熙二十八年）二月廿五日，由丹阳陆路至江

[1] 他曾对法国耶稣会士科学家巴蒂斯的星图加以增补，制成当时一份较为全面的星图。笔者在巴黎天文台图书馆发现洪若等耶稣会士在华天文观测记录的大量手稿。

[2] 《熙朝定案》，法国国家图书馆，Chinois 1330（康熙二十八年），后毕嘉奉康熙之命，于 1690 年孟夏十五日，“送仪器抵都”，过了两天，即由赵昌和耶稣会士徐日昇引见。

[3] 《康熙几暇格物编》是康熙的科学著作集，也记载了在南京观测“老人星”之事。康熙到南京之前，已先行到了杭州，与意大利耶稣会士殷铎泽有所接触，《熙朝定案》载：康熙二十八年二月初九日，“圣驾南巡，幸杭州，殷铎泽特雇小船，恭持手本，迎至黄金桥，敬遇龙舰，蒙传问是何人，谨对是天主堂殷铎泽在此迎接圣驾。”康熙又问殷铎泽：“洪若在南京么？奏云：洪若在南京，同毕，然嘉字尚未出口，荷蒙皇上云嘉，完成毕嘉姓名二字，足徵各省远臣，日蒙皇上垂念无已之恩也。”因此康熙在南京派人向洪若请教，与殷铎泽有直接关系。

宁。……廿七日，……侍卫赵又奉旨来堂问："南极老人星，江宁可能见否？出广东地平几度？江宁几度？"等语，毕、洪一一讲述。侍卫赵即飞马复旨矣。毕、洪因匆遽回答，恐难以详悉，至晚戌初时分，观看天象，验老人星出入地平度数，详察明白，另具一册，于二十八日早送入行宫。

以上记载说明，康熙对"老人星"确切位置所知不多，故有询于洪若等人。有意思的是，洪若也在一封信中专门提到了康熙帝和老人星观测一事：

1689年初，皇帝南巡，途经苏州、杭州与南京。他抵达南京的前一晚，我与毕嘉神父去往离城两里处他的必经之路上。我们在一个有着六十位教徒的村子里过夜；这些教徒属于同一家族，我们对他们进行了教导，他们中的一些行了告解。第二天早上，我们看见皇帝经过，他好意停留，并用世上最客气的语气与我们交谈。他骑在马上，紧随其后的是他的侍卫，还有二三千骑兵。……各条道路上都是人山人海；但是无上敬仰、无比肃静，一点儿声音都听不到。皇帝决定第二天启程。

所有各级官员都曾经请求他给予这个城市荣耀，多留几日，但未果。但是当百姓之后来求同样的恩惠，皇帝准许了，并且与他们共度三日。……皇帝驻跸江宁期间，我们每天都去行宫，并且他每天都派遣一到两个内府之人来问候我们。他派人问我在南京能否看见Canopus。这是南方一颗美丽的恒星，中国人称之为老人星，老年人之星，或是长寿人之星；对此我回答说它会在刚入夜时出现，而皇帝有天晚上去了古天文台，即观星台，专门为了去看它。❶

《圣祖实录》也提及康熙观测老人星之事，以及和李光地的问对，而只字未提洪若。更有甚者，据实录所记，康熙懂得“老人星”在天空中的位置，这完全颠倒了前因后果。《圣祖实录》云：

（二月）乙丑（二十七日）上幸观星台。……上又披

❶ 洪若致拉雪兹信（1703年2月15日写于舟山），载 *Lettres édifiantes et curieuses, écrites des missions étrangères, par quelques missionnaires de la Compagnie de Jésus* (Paris: Chez Nicolas le Clerc, 1707)，VII, 169–172。方豪《方豪文录》（北平上智编译馆，1945）已指出这一点。

> 小星图，按方位指南方近地大星，谕诸臣曰："此老人星也。"李光地奏曰："据史传谓老人星见，天下仁寿之征。"上曰："以北极度推之，江宁合见是星，此岂有隐现也？"❶

康熙在谈论老人星以外，还和大臣谈到了其他天文现象，如"荧惑退舍""五星联珠"，以及觜、参在天空位置的先后问题。清初历法改革，耶稣会士改变了传统的觜、参先后问题，但这个问题遭到了一些保守人士的反对❷，康熙再次提及这个问题，说明它仍然困扰着当时的许多学者，《康熙起居注》详细记述了此事，原文如下：

> 酉刻，上幸观星台，召部院诸臣前，上问："汉臣中有晓知天文者否？"皆奏曰："臣等未尝通晓。"上又问掌院学士李光地："尔所识星宿几何？"光地奏曰："二十八宿臣尚不能尽识。"上因令指其所知者。又问：

---

❶《圣祖实录》卷一三九。

❷ 黄一农：《清前期对觜、参两宿先后次序的争执：社会天文学史之一个案研究》，收入杨翠华、黄一农主编：《近代中国科技史论集》，台北："中央研究院"近代史研究所；新竹：清华大学历史研究所，1991，第71—94页。

> “古历觜、参，今为参、觜，其理云何？”光地奏曰：“此理臣殊未能晓。”上曰：“此殆距星或有谬误。以观星台仪器测之，参宿至天中，确在觜宿之先。观于此，足证今历不谬矣。”……上又披小星图，案方位，指南方近地大星，谕诸臣曰：“此老人星也。”光地奏曰：“据史传谓，老人星见，天下仁寿之征。”上曰：“以北极度推之，江宁合见是星。此岂有隐现耶？”谕毕，回行宫。是日，上驻跸江宁府。[1]

康熙君临观星台，与李光地等人的问对，显示了自己的博学多识，康熙又借此对汉人进行批评。因此，观星台的君臣之对，康熙已有准备，不过是逢场作戏，并借此炫耀自己的博学。康熙的这种性格，还有多种表现，在此暂不论列。[2] 显而易见，李光地等汉族大臣的答复难

---

[1] 《康熙起居注》（三），第 1843—1844 页：康熙二十八年二月二十七日。引文中提到“五星联珠”“荧惑退舍”等天象，关于它们的星占和天文学意义，参见黄一农：《星占、事应与伪造天象：以“荧惑守心”为例》，《自然科学史研究》1991 年第 2 期，第 120—132 页；Huang Yilong, “A study on five planet conjunctions in Chinese history,” *Early China* 1990, **15**, pp.97–112.

[2] 关于康熙的性格及其与科学之关系，仍值得深入探讨。

以使康熙满意，而李光地绘声绘色记录这次问对，可见他所受到的心理打击绝非寻常。同年五月，康熙回北京之后不久，就认为："李光地等冒名道学，自谓通晓《易经》卦爻，而所作文字不堪殊甚，何以表率翰林？"康熙南巡回到北京之后，许多大臣都争向康熙献赋，以表祝贺。而李光地因没有进献，故康熙大为不满，于是将李光地调任通政使司通政使[1]，对李光地来说，打击亦复不小。

1676年，熊赐履曾因内阁票拟事致仕回籍，后寓居南京，在家闲居十余年，以藏书为乐事。[2]1688年，以礼部尚书再次受到重用，之后一些汉人官员在康熙面前说熊赐履的好话。次年九月，康熙谈话间论及熊赐履、李光地等人，对汉人奉承拍马的作风深恶痛绝，甚至发出"汉人行径殊为可耻"的感叹。[3]康熙认为李光地所讲的不过是王阳明的"道学"，而认为熊赐履宣扬的是

❶ 李文植：《文贞公年谱》康熙二十八年称："南巡既还，公卿争献赋，公不与，……上意不怿，未几遂左迁。夏五月，改通政使司通政使。"

❷ 孔继涵撰熊赐履年谱，载钱仪吉，《碑传集》一，北京：中华书局，1993，第257—258页。

❸ 《康熙起居注》（三），北京：中华书局，1984，第1902页。

朱熹的学问，对李光地进行了批评。《康熙起居注》记载了大学士王熙的奏对："道学之人当涵养性情，若各立门户，各持意见，互相陷害结仇，何云道学？"康熙则说："意见若能持久，亦自不妨，但久之彼自变易其说耳。"❶ 康熙对汉官阳奉阴违的做法，已经不能容忍，同时也表现出康熙对汉族官员的防范心理。李光地在此之前，徘徊于朱、王之间。康熙二十八年五月，因受到康熙的批评而被撤消掌院学士，使得他在为学宗尚方面作出调整，一改先前的徘徊游移，转而笃信朱学。❷

另一值得注意的事实是，当熊赐履在南京时，曾与毕嘉密切来往。❸ 1692年，康熙授意顾八代，发布了容许天主教在中国传播的"宽容诏"（edict of toleration），熊赐履在其中也扮演了非常重要的角色。❹ 此诏对天主教

❶ 《康熙起居注》（三），北京：中华书局，1984，第1902页。

❷ 陈祖武：《清初学术思辨录》，北京：中国社会科学出版社，1993，第211页。

❸ A. M. Colombel, *Histoire de la Mission du Kiang-nan*. Deuxième partie, p.419.（石印本，出版年、地不详）

❹ 《熙朝定案》（法国国家图书馆，Chinois 1330）记载了诏书的内容，熊赐履位于签名者之首，这说明熊赐履是支持天主教的。

在中国的传播有很大的保护作用，这也促使了一些文人（包括李光地）对西学的兴趣。

三　梅文鼎入京与被聘入李光地馆

为了迎合康熙皇帝对西方科学的爱好，以达到与熊赐履等人争宠之目的，对李光地来说是一个非常现实的问题。让我们先来考察李光地在此之前学习历算的一些经历。在梅文鼎到北京之前，李光地曾从著名学者潘耒学算，但当时他对历算知识所知甚少。在回忆中，他曾如实地称：

> 某天资极钝，向曾学筹算于潘次耕，渠性急，某不懂，渠拂衣骂云：此一饭时可了者，奈何如此糊涂，……今日梅先生（按：指梅文鼎）和缓善诱，方得明白。❶

历史的巧合是，正好在李光地被调官的同一年，梅

---

❶《榕村语录续集》卷一六。

文鼎为访比利时耶稣会士南怀仁，专程到北京。[1] 梅文鼎一向循循好学，每有精通历算之人，“虽在远道，不惮褰裳往从”[2]，或通信请益。在到北京之前，梅文鼎曾在杭州作短暂停留，广交学人，并结识了耶稣会士殷铎泽。[3] 因此，梅文鼎打算拜访南怀仁[4]，有可能是通过殷铎泽的介绍。可是阴差阳错，在梅文鼎到达北京之前，南怀仁刚刚去世。

梅文鼎在北京期间，正值《明史》纂修，学者名流云集京师，可谓极一时之盛，梅文鼎因此结识了不少学者。作为精通历算的大家，受朋友之托，梅文鼎参与了《明史》历志的部分修订工作。除吴任臣、黄百家等人参与其中的一些工作之外，梅文鼎在《明史》历志编纂中也贡献不小。[5] 大概是梅文鼎的工作颇得史局学者的赏识，李光

---

❶ 李清植：《文贞公年谱》卷上。张廷玉《澄怀园文存》卷十一“梅以燕传”，提到梅文鼎之所以能出游是因为其子梅以燕能很好地担当起家务，张廷玉“梅以燕”传所据的是梅瑴成提供的行状。

❷ 杭世骏：《道古堂文集》卷三十“梅文鼎传”上。

❸ 郭慕天：《梅文鼎与耶稣会士之关系》，《上智编译馆馆刊》，第 3 卷第 6 期（1948）。

❹ 李清植：《文贞公年谱》卷上，康熙二十八年：“始见梅文鼎，……是时以访南怀仁入都，公往叩所学，遂与订交。”

❺ 韩琦：《从〈明史〉历志的纂修看西学在中国的传播》，《科史薪传：纪念杜石然先生从事科学史研究四十周年学术论文集》，沈阳：辽宁教育出版社，1997，第 61—70 页。

地得以耳闻其名。[1] 毛际可曾写道："史局服其精核，于是辇下诸公皆欲见先生，或遣子弟从学，而书说亦稍稍流传。"[2]

值得注意的是，从1689年底开始至1691年，法国耶稣会士白晋、张诚及比利时耶稣会士安多和葡萄牙耶稣会士徐日昇[3]，开始向康熙介绍西方几何和代数知识。在掌握新的西方数学知识后，使康熙在和大臣们对话时增添了许多天文历算的问题。法国耶稣会士到北京之后，与清初形势已大不相同，三藩业已平定（1681），海内升平，康熙学习西学达到了一个高潮。因此，可以归纳说，梅文鼎到达北京的时期是：李光地暂时失宠、《明史》纂修、康熙西学兴趣正浓的大好时机。也正是在这一大背景之下，促使李光地把梅文鼎聘入家中[4]，使后来康熙时代

---

❶ 在此之前，李光地对梅文鼎似不熟悉，因为1687年康熙和李光地在谈及钦天监天文生刘一葵时，李光地推荐了常州处士杨文言，称"其历法算法皆佳。"见李清馥《榕村谱录合考》卷上，第44页。

❷ 《勿庵历算书目》附毛际可1699年写的"梅先生传"，知不足斋丛书本。

❸ 参见1689—1691年白晋日记，法国国家图书馆，Mss. fr.17240。

❹ 李俨：《梅文鼎年谱》，《中算史论丛》三，北京：科学出版社，1955，第561页。《文贞公年谱》以为梅文鼎1689年因访南怀仁到北京，故李光地得以拜访梅文鼎，向梅氏询问历算之学问。而杭世骏《道古堂文集》卷三〇"梅文鼎传"却以为梅文鼎去拜访李光地，颠倒因果，是错误的。

一系列历算活动成为现实，并使清初西学传入呈现丰富多彩的局面。

在梅文鼎被聘请到李光地家中后，李光地促使梅氏完成其历算著作，首先是促使其写成《历学疑问》。梅文鼎曾记载道：

> 己巳（1689）入都，获侍诲于安溪先生。先生曰：历法至本朝大备矣，经生家犹苦望洋者，无快论以发其意也。宜略仿元赵友钦《革象新书》体例，作为简要之书，俾人人得其门户，则从事者多，此学庶将益显。鼎受命唯谨。……辛未（1691）夏，移榻于中街寓邸，始克为之。先生既门庭若水，绝诸酬应，退朝则亟问今日所成何论，有脱稿者，手为点定，如是数月。[1]

梅瑴成在为李光地《历象本要》所写的序中[2]，也谈到了《历学疑问》的成书过程：

---

[1] 《勿庵历算书目》附毛际可“梅先生传”，知不足斋丛书本。

[2] 李光地《历象本要》，乾隆刊本，乾隆七年梅瑴成序。

> 昔先徵君于康熙己巳岁至都门，主家侍御桐崖先生，公闻而先之，且设馆焉。先徵君家世受易，而好治历，兼通中西之学，欲著《古今历法通考》一书，拟列五十八卷，属稿未成。公曰：先生之书，卷帙浩繁，成之难，锓板亦不易，莫若逐条为之论说，以发明奥义，庶经生家亦得而卒业焉。先徵君然之，遂命题设问，成书数十篇，名为《历学疑问》。

因此，《历学疑问》是梅文鼎在李光地的敦促下撰写的。1692 年，李光地还曾为《历学疑问》写序。后来梅文鼎又受到万斯同的勉励，才完成此书。

王萍先生认为："平心而论，以文鼎之学，养而为此书，确系大才小用。而李光地亟力催其完成此书，与其谓为使人人能得其门户，不如谓其欲呈予康熙，则较恰当。"[1] 陈祖武先生也认为："李光地又于 62 岁时，把当时的著名学者梅文鼎聘入幕署，讲求天文历算学，以便同康熙帝的学术好尚全然吻合。"[2] 持论颇为公允。

---

[1] 王萍：《清初历算家梅文鼎》，《中央研究院近代史研究所集刊》1971 年第 2 期，第 318 页。

[2] 陈祖武：《清初学术思辨录》，北京：中国社会科学出版社，1993，第 212 页。

四　李光地为何再次聘请梅文鼎

从 1689 年至 1693 年，梅文鼎在京师断断续续共停留了约四五年的时间，见到不少算书，见识渐广，与耶稣会士安多也有往来。除馆李光地家外，还曾受到裕亲王福全（1653—1703，顺治第二子，康熙之兄）的礼请，但只待了3月余即告辞❶，此时梅文鼎在宫廷已小有名声。1693 年，梅文鼎辞别李光地，返回南方。梅文鼎的天算成就当时已享誉京城，完全可以继续长住，可他为什么就告别朋友南下呢？ 1699 年，当梅文鼎和毛际可再次在杭州相见时，毛氏为梅文鼎作传，其中称："禁中台官甚畏忌之，然先生素性恬退，不欲自炫其长以与人竞。"❷ 也许与梅文鼎不愿和人相争的性格有关，他辞别了李光地回到南方。之后，梅文鼎在江南和福建一带游学，长达十多年之久。

为什么 1703 年梅文鼎再次接受李光地的聘请？经过如何、背景怎样，很值得思考。

---

❶《勿庵历算书目》附毛际可"梅先生传"，知不足斋丛书本。

❷《勿庵历算书目》附毛际可"梅先生传"，知不足斋丛书本。其中的事迹很可能就是梅文鼎亲自对毛际可讲的。梅文鼎的朋友朱书也如此认为，朱书和梅文鼎曾同在福建约一年，见其《朱杜溪先生集》，光绪癸巳重刊本。

自从康熙初年历法之争发生之后，康熙对历算很重视，不时向周围大臣询问历算知识，或向大臣炫耀自己的学习心得。康熙对汉人不懂历算的批评，时时可见。康熙四十一年（1702）十月，康熙南巡，驻跸德州，康熙向李光地索取所刻书籍，于是李光地把梅文鼎的《历学疑问》进呈[1]。康熙得到梅文鼎的书后说："朕留心历算多年，此事朕能决其是非。"两天后，康熙见到李光地，称："昨所呈书甚细心，且议论亦公平，此人用力深矣，朕带回宫中仔细看。"[2]

第二年春，康熙南巡时，把《历学疑问》发回给李光地，并说："无疵瑕，但算法未备，盖梅书原未完成。"在李光地看来，梅文鼎得到康熙的知遇，可谓千载一时。然而就在康熙四十一年十月，康熙在德州期间，曾对李光地说：汉人对算法一字不知[3]，这些话无疑伤害了汉人

---

[1] 《文贞公年谱》卷下称 1699 年"冬十月，校刻梅文鼎所著《历学疑问》"。但到 1700—1701 年间才刻成于上谷。《三角形推算法论》成书于《历学疑问》之后，其中的"西学中源"说应受到梅文鼎的启发和影响。

[2] 《历学疑问》1704 年李光地恭记，《兼济堂历算全书》本。关于此事参见《勿庵历算书目》，知不足斋丛书本。

[3] 《榕村语录续集》卷一七"理气"："皇上去年在德州尚云汉人于算法一字不知。"又称："你们汉人全然不晓得算法，惟江南有个姓梅的他知道些。"

的自尊。康熙四十二年（1703）八月廿三日，康熙在灯下看梅文鼎的《历学疑问》，这使李光地回忆起1692年康熙对熊赐履历算知识贫乏的不满：

> 老师（按：指李光地）因言：壬申年（1692）上问孝感历算，《律吕新书》与郑世子书孰是，孝感原不知道，漫应以季通书是，上大不平。❶

从1692年康熙批评熊赐履不懂历算，到1702年康熙批评汉人不懂算法，时隔十余年，对李光地来说，仍然记忆犹新，这促使他猛然反省。1703年春，康熙又把《几何原本》《算法原本》送给李光地，在学习天算问题上，君臣之间一拍一合，甚为默契，但李光地“虽经指授大意，未能尽通，乃延梅子至署，于公暇讨论其说。”❷ 也就是说，

---

❶《榕村语录续集》卷一七“理气”。按：据李光地《历学疑问》恭记，1703年春，康熙即已把批点本《历学疑问》送还给李光地，与《榕村语录续集》所记时间（1703年八月）不同，应以李光地的记载为准。蒋良骐：《东华录》亦记载1692年康熙询问历法事，北京：中华书局，1980，第259页。

❷《文贞公年谱》卷下。与康熙赐《几何原本》《算法原本》同时，康熙和李光地曾讨论过里差的问题，因当时传教士也随同测量自北京至德州经度一度的长度。

李光地邀请梅文鼎的目的之一是为了更好地理解西方数学。

1702—1703年间，李光地给梅文鼎写信，告诉他已把梅氏《历学疑问》进呈康熙的消息，与此同时，李光地再次邀请梅文鼎到保定传授数学。大约在1703年，梅文鼎给李光地写了一封信，回忆了当年在北京一起和睦相处，李光地敦促梅文鼎成书的情景，感激之情跃然纸上：

> 奉违忽复十年，每忆畴昔追随之乐。……承先生以历论灾梨，日拟补作，以竟其绪，而迄今未就，他可知已。每于养疴之隙，勉自策励，亦多稿本，然往往贪发胸中昔日难明之事，聊自遣适，山河阻修，末由就正。……私心感激，无以为喻，有捧函感泣而已。……且以鄙著进呈，草茆下士，姓名仰达宸聪，中心惭感，……[1]

从此信也可看出，梅文鼎已获悉李光地把《历学疑问》送给康熙皇帝。梅文鼎又得知在保定已经集中了一批对历算感兴趣的学生，故极为兴奋。在给朋友的信中，他

[1] 梅文鼎:《绩学堂文钞》卷一“答李安溪先生书”。梅文鼎于1693年南回，故此信约写于1702—1703年，而《历学疑问》约1700—1701年刻于上谷。此信说明梅文鼎作《历学疑问补》，早有打算。

这样写道：

> 某虽不敢以此相方，然亦亟思同志者共相讲明，每求其人而未得。今既有实心问学其人，又有贵同学数辈，丽泽相资，闻之不禁狂喜，即拟溯洄相从，亦出中诚，非泛泛酬应语也。属有保定之行，往返约有数月，……某所撰亦非一种，皆稿本，携之行笈，时时有所增定，以故不能录副。即《疑问》已经授梓，亦尚有宜补之图，未备之篇也。[1]

因此，李光地的再次相邀和学生们聚集保定，使梅文鼎决定再次投靠李光地。也正是在这一年，梅文鼎到了保定。

五　算学学习中心保定：巡抚衙门的科学活动

1691年左右在北京时，李光地周围就有几个学习算

[1] 梅文鼎：《绩学堂文钞》卷一“复锡山秦二南书”，约写于1703年，第28页。

学的学生，方苞曾回忆当时的情形："康熙辛未（1691），余再至京师时，诸公方以收招后学为名，天下士负时誉者，皆聚于京师。而君（按：指梅文鼎）与四明万季野亦至。……而君所抱历算之说，好者甚希，惟安溪李文贞，及其徒三数人从问焉。"❶

李光地的这"三数人"学生中包括徐用锡，他跟随李光地达二十三年，是其得意门生，记述李光地的一言一行，成《榕村语录》。

三藩之乱平定，《尼布楚条约》签订后，海内升平，这是学习的大好时机。白晋、张诚、徐日昇、安多等耶稣会士向康熙介绍数学、天文学、解剖学等知识，使康熙的眼界大开。故康熙在许多场合下，多次向大臣谈论和询问天算问题。康熙三十一年（1692）正月，康熙来到乾清门，和大学士九卿谈论性理、音律、算法、河道、测量圭表等问题，提到"《律吕新书》所言算数，专用径一围三之法"❷，反映康熙对算学的重视。大臣为迎合康熙，也建议编撰历算书籍。如同年，张玉书曾在奏书中称：

---

❶ 方苞：《方望溪全集》卷一二"梅徵君墓表"，中国书店，1991。又见《绩学堂文钞》。

❷《圣祖实录》卷一五四，北京：中华书局，1985，第698—699页。

> 皇上检阅性理，披图指示，因而究论算数，综考律吕，辨径一围三之非，穷隔八相生之实，俾臣等见所未见，闻所未闻。退而相顾惊喜，深愧从前学识浅陋，锢守陈言，而不自知其迷惑也。……圣谕谓径一围三止可算六角而不可算围圆，诚不易之至理也。事最明显，具在目前，而《律吕新书》诸说未究及此，所以徒为空言，而不求验诸实用，固无往而不见其讹舛耳。……顾乐律算数之学，失传已久，承讹袭舛，莫摘其非，奥义微机，莫探其蕴，在臣等躬聆训诲，犹且一时省悟，而覆算迷蒙，中外臣民何由共喻，臣等仰祈皇上特赐裁定，编次成书，颁示四方，共相传习，正历来积算之差讹，垂万世和声之善法，学术政事，均有裨益，臣民幸甚，后世幸甚。[1]

这次对话也表明，当时康熙对算学知识的了解已远远超过臣子们，康熙在算学方面的威信已经树立起来，故对大臣缺乏历算知识屡加批评。康熙作为满族君主，学习儒学，又能适应当时天文算学的发展，学习西洋科

---

[1] 张玉书:《张文贞公集》卷二“请编次乐律算数疏”，乾隆五十七年松荫堂藏版。而康熙批评熊赐履不懂算术，正好在同一年。

学，使汉族大臣极为振奋。熊赐履在给张玉书的信中曾这样写道："主上留心文事，乃崇儒重道之一机。"❶ 因此当时的一些理学大臣都设法迎合康熙的旨趣。

可惜在 1692 年，因人才尚没有培养成，故康熙编纂历算著作的打算犹如空中楼阁，不能实现。毛际可"梅先生传"亦感叹道："天子欲讲明方圆围径，刘徽古率与西法之得失，有应召往者，而先生襆被出都久矣。"❷ 在当时的背景之下，李光地已经注意到历算的重要性，在论及"治道"时，他也谈到了人才的选拔和培养："如今人才不生，予做学院至今，留心人才，虽童子有知觉者，皆着心而求，成一人物者甚少，有文翁为之教，须得相如为之师。"❸

1694 年，李光地任顺天学政，1698 至 1705 年，担任直隶巡抚。在此期间，他提倡学习经学和算学，网罗了一批得力人才，他们精通理学，又对数学、天文、音

---

❶ 熊赐履：《经义斋集》卷十一，尺牍："与张素存"。

❷ 《勿庵历算书目》附毛际可"梅先生传"，实际上 1692—1693 年间，梅文鼎还往返天津、北京之间，并没有离开，毛氏的说法有误。可以说 1692 年，是梅文鼎迎合康熙旨趣的极佳机会，也许因为当时没有人引见，而且梅文鼎的性格不愿和人相争，因而失去良机。

❸ 《榕村语录续集》卷一八"治道"。

律等学科有精深的造诣，如魏廷珍、王兰生、王之锐、陈万策、徐用锡，都在巡抚公署。李光地之子李锺伦，梅文鼎之孙梅瑴成，也来到保定，向梅文鼎学习历算。[1]徐用锡当年在北京时，就曾向梅文鼎学习，他又追随李光地到了保定，再次受到梅文鼎的指教。在保定的一些学生，无不对梅文鼎表示敬意。而群贤毕至，研习历算，相聚问难，对于梅文鼎来说，高兴万分。他在诗中描写道："问辨集群彦，欢然洽主宾。"[2]1712年，梅文鼎八十诞辰，李光地曾有诗文祝贺，同人相应，徐用锡后亦作诗唱和，生动记录了梅文鼎的事迹与活动：

文望北楼近，灵源宛水长。巨人宁世出，绝艺得明扬。忆昔燕台畔，常依泰岳旁。大文弥亹亹，坠绪起茫茫。荣禄轻三策，中西贯九章。赋言惊纸贵（先生有璇玑玉衡赋拟作，一时竟传），仪制重金相（先生自制仪盘十数面，妙出欧罗巴良工之上）。思至神来告，疲因乐此忘。发蒙工启钥，开诲必倾囊。异授仍

[1] 据李光地《历象本要》梅瑴成乾隆七年序。关于在保定校刻梅文鼎著作的学生，参见《勿庵历算书目》。

[2] 梅文鼎：《绩学堂诗钞》卷四"七夕后两日试算法限二十四韵"。

修古，真知喜共商。每逢花月地，亦入咏游场。棠蔼三间屋（蔼棠轩在保定抚署），荷清十亩塘（保定城畔有荷花池）。……上船天子召，操笔冢卿行（舟次给笔札与安溪先生，同时试诗律）。帝谓怜龙马，云书舞凤皇。身名隐犹见，志业老逾强。别后山川间，尘中日月忙。殷勤新梦想，历落旧心肠。奉诏元孙至，欣闻八帙康。……❶

此诗道出了当年徐用锡等人先在北京，后来在保定抚署莲花池畔跟梅文鼎学习的情景。当时保定很有名的保阳书院就设在那里。这批学习算学的人才，后来参加了《律历渊源》的编撰，迎合了康熙的需要。因此可以说李光地在保定造就了一批天文算学人才。梅文鼎著作也在保定刊刻，共八种，其中《历学骈枝》《勿庵笔算》为金铁山所刻，李光地所刻者共有六种，包括《交食蒙求订补》《交食蒙求附说》《三角法举要》《堑堵测量》《弧三角举要》《环中黍尺》等。❷

❶ 徐用锡：《圭美堂集》卷九。

❷ 据《勿庵历算书目》统计。但《文贞公年谱》卷下把《笔算》《历学骈枝》也归于李光地名下。

六　李光地与康熙、梅文鼎德州之应对

1704年，当康熙西巡时，康熙向李光地问及“隐沦之士”，李光地推荐了李颙、张沐及梅文鼎。[1] 次年春二月，康熙南巡，李光地曾前往迎驾，“上问曰：‘汝前道宣城梅文鼎者，今焉在？’臣地以尚留臣署对。上曰：‘朕归时，汝与偕来，朕将面见。’”[2] 闰四月十九日，康熙返回北京途中，李光地带领梅文鼎前往见康熙，一起受到接见的还有李光地的学生、督学杨名时和天津道蒋陈锡。[3] 梅文鼎之所以能够受到康熙的接见，完全是李光地引见之功。

一连三天，康熙在舟中接见梅文鼎。当时《三角法举要》已刻，梅文鼎把它进呈康熙。会见之后，康熙对李光地感叹地说：“历象算法朕最留心，此学今鲜知者，如文鼎真仅见也，其人亦雅士，惜乎老矣。”[4] 临别时，为表彰梅文鼎在天算方面的成就，特书“绩学参微”相

---

❶ 梅文鼎：《绩学堂文钞》附李光地恭记。

❷ 梅文鼎：《绩学堂文钞》附李光地恭记。

❸ 梅文鼎：《绩学堂诗钞》卷四。

❹ 梅文鼎：《绩学堂文钞》附李光地恭记。

赠。对于历算能通皇上，李光地曾深为感叹地说道："六艺真是要紧事，……本朝顾宁人之音学，梅定九之历算，居然可以待王者之设科。"❶ 梅文鼎对于李光地的引见，更是感激涕零。1711 年，当李光地七十寿辰的时候，梅文鼎写诗祝贺，感激之情溢于言表：

诞毓中天盛，登庸大道公。赞襄仁寿溥，敷锡海邦同。燮理全经术，甄陶录爨桐。尘霾烦拂拭，顽钝藉磨砻。遂使寒岩朽，能邀圣主聪。一编亲指授，三接对优隆。霁色瞻云日，宸章焕彩虹。每怀抒短技，何以当苍穹。……❷

同样，梅文鼎对康熙的召见也是受宠若惊，因此写了一首感恩诗，把康熙说成是古代圣贤的再现：

圣神天纵绍唐虞，观天几暇明星烂。论成三角典谟垂，今古中西皆一贯（《御制三角形论》言西学实源中法，

❶《榕村语录续集》卷一六。

❷ 梅文鼎：《绩学堂诗钞》卷四"寄安溪相国"，第 27 页。

> 大哉王言，著撰家皆所未及）。枯朽余生何所知，聊从月令辨昏旦。幸邀顾问遵明训，疑义胸中兹释半。御札乘除迅若飞，定位开方辞莫赞。庶勤榆景畲殊恩，望洋学海期登岸。却忆司成接对年，阿季多才精剖判。……❶

1708 年，梅文鼎在给熊赐履的诗中也再次称："至教承光霁，秘策容参证。优老宽擎跽，放归保衰病。庶此毕榆景，残篇娱短檠，一得报殊恩。"❷ 上面提到的"秘策"即康熙的《御制三角形推算法论》，曾讨论西历传自中国，其中称："论者以古法今法之不同，深不知历。历原出自中国，传及于极西，西人守之，测量不已，岁岁增修，所以得其差分之疏密，非有他术也。"❸

康熙之所以提到"西学中源"说，是有感于杨光先反教案造成的后果而发的，目的是平息由中西学说不同而产生的争论，为学习西学寻找借口。梅文鼎对康熙的"西学中源"说大表赞赏，在给熊赐履的诗中，他写道：

---

❶ 梅文鼎：《绩学堂诗钞》卷四"雨坐山窗"（1706 年）。

❷ 梅文鼎：《绩学堂诗钞》卷四"上孝感相国"。

❸ 满汉对照《御制三角形推算法论》。

> 畴人守师说，蔑肯窥西书。欧罗矜别传，宁能徵昔儒。二者不相通，樊然生龃龉。大哉圣人言，流传自古初（伏读圣制三角形论，谓古人历法流传西土，彼土之人习而加精焉尔。天语煌煌，可息诸家聚讼）。……[1]

梅文鼎这里强调的是康熙"西学中源"说对结束"诸家聚讼"的作用，不免有阿谀奉承之嫌。梅文鼎有关"西学中源"的议论，实际上在《历学疑问》中已有表现。[2]1702年李光地把《历学疑问》送给康熙，1703年初，康熙就把经自己批点的书还给李光地。同年，梅文鼎到保定之后，就看到了康熙的御批，在一首诗中，梅文鼎曾写道："恭承钦若旨，授受奇文真。顿令草埜目，琬琰中秘臻。诹度及刍荛，采撷兼蘩蘋。"[3]诗中的"奇文"是指康熙的批点还是《御制三角形推算法论》，尚待确证。但可以想见康熙的看法中很可能包括"西学中源"说。此诗也指出康熙在批点中参考了梅文鼎的一

---

❶ 梅文鼎:《绩学堂诗钞》卷四"上孝感相国"四首。

❷ 刘钝:《清初历算大师梅文鼎》,《自然辩证法通讯》1985年第1期，第52—64页。

❸ 梅文鼎:《绩学堂诗钞》卷四，1703年"七夕后两日试算法"，第19页。

些看法。1703年康熙撰写的三角形论，在梅文鼎的书中找到了佐证，因此康熙把自己十多年前写的文章告诉了梅文鼎。

实际上，梅文鼎的《历学疑问》并不完善，由于李光地的再三催促，才于1692年完成初稿，之后时有补正。1699年，梅文鼎在给李光地的信中称："入闽已将两月，闲暇无事，拟补作历论寄正。"[1] 1700年，梅文鼎再次谈道："拙著历论，已承中丞授梓，……尚有欲补之篇，因循未报。"[2] 大约在1702至1703年间，梅文鼎在给李光地之弟的信中也称：

> 愚向谓三角即勾股，郭守敬浑天之法与西法一理，今益了然。又几何中如理分中末线之类，共相诧为神异者，求其根，皆出勾股。始知吾圣人九数，范围天地九州，万世所不能易，想高明闻此，亦为抚掌一快也。自承中丞公之教，不复为简帙繁重之书，每多为小本，以便省览，合计所撰有数十种，其书各单行，而义亦相发。

---

[1] 梅文鼎：《绩学堂文钞》卷一"寄李安溪先生书"。

[2] 梅文鼎：《绩学堂文钞》卷一"寄李安卿孝廉书"。

> 然皆草稿，容当努力陆续誊清，寄请斧正。其《历学疑问》尚有当补之篇，宜附之图，而久未成者，惰废之愆，真难自解。……[1]

因此，可以说《历学疑问补》的撰写从未间断[2]，梅文鼎的学术风格一贯如此，并非完全由于康熙1705年之召见。[3] 梅文鼎一直致力于宣扬“西学中源”说，在同时代人中已有一定影响[4]，如李光地曾称：“本朝如梅定九之历学，不特精中西之法，能表章出周髀为西法不能外。”[5] 又称：“梅定九讲算法，存古九章，渠言西学总不出吾中国学内，只是中国失传。”[6] 1705年底，李光地升任大学

---

❶ 梅文鼎：《绩学堂文钞》卷一“再寄李安卿孝廉书”。

❷ 其孙梅瑴成后来也曾言及此点。

❸ 王扬宗认为1705年康熙召对梅文鼎，讨论了“西学中源”说，于是梅氏著《历学疑问补》，明确宣扬“西学中源”说，在时间顺序上是合理的，见其《康熙、梅文鼎和“西学中源”说》，载《传统文化和现代化》1995年第3期，第77—84页。

❹ 《三角法摘要》年希尧序也引用了“西学中源”说，但此序与梅文鼎《绩学堂文钞》卷二《测算刀圭》序完全相同，此序是梅文鼎代笔，还是梅瑴成误编入梅文鼎的名下，待考。万斯同、王兰生也受梅文鼎之影响，分别见万斯同《石园文集》与王兰生《交河集》卷五。

❺ 《榕村语录续集》卷二〇。

❻ 《榕村语录续集》卷一六。

士，离开了保定，梅文鼎也于1706年初返回南方，继续从事他的历算研究。梅文鼎感恩戴德，过分强调“西学中源”说，以迎合康熙，实际上已稍稍偏离了康熙本意（康熙的目的是为了息聚讼）。但梅文鼎著作的流传，使“西学中源”说在清中叶影响颇为深远。

七 结 论

通过对李光地活动的分析，可看到他在清初的历算活动中起到了非常重要的作用。他沟通了君臣之间的关系，使18世纪初的科学活动更为活跃。事实上，李光地在有清一代，不仅参与了天文历算的组织工作，而且领衔纂修了《周易折中》《性理精义》等书[1]，他的科学组织

[1] 除天文历算书之外，康熙时御纂的《性理精义》《周易折中》等书也由李光地领衔纂修，而由他的门生负责分修和校对。如《御纂周易折中》（1715）的监造职名为：御前校对：翰林院侍讲魏廷珍、翰林院庶吉士梅瑴成、举人王兰生；南书房校对：候补翰林院侍讲杨名时；分修：举人陈万策、贡生候选知县王之锐、生员李清植；武英殿校对：翰林院编修徐用锡。《御纂性理精义》（1717）的监造职名为：御前校对：翰林院侍读魏廷珍、翰林院编修梅瑴成；分修：候补翰林院侍讲、今授直隶巡道杨名时，原任翰林院庶吉士蔡世远。

活动，是他政治生命的重要组成部分。天文历算和其他文化活动一起，在一定程度上迎合了康熙的旨趣，促进了清初学术的繁荣。

上面分析了李光地在协调康熙和梅文鼎的过程中所起的作用，只涉及1705年康熙的召见。实际上，此后的一些活动，从西方科学知识传入方面来说，内容更为丰富多彩，也就是从1713年蒙养斋开馆到《数理精蕴》《钦若历书》的编成，李光地在这一转变中也起到了重要的作用。[1] 李光地和梅文鼎培养的人才后来成了《律历渊源》的重要参加者，我们在雍正初年刊成的《历象考成》中发现，参加编修、校对的许多人都曾受到李光地、梅文鼎的培养或提携，这些人包括：汇编：翰林院编修梅瑴成；分校：原任湖南巡抚、都察院右副都御史魏廷珍，翰林院编修王兰生，原进士方苞等人。王兰生因为李光地的引见，与梅瑴成一起，受到康熙的格外重视，容许破格参加会试和殿试，得以名列进士之榜。这种对学习

[1] 除了像李光地这样的理学大臣对科学活动的浓厚兴趣之外，皇子们也直接参与了科学活动的组织，如康熙的三子诚亲王胤祉在《律历渊源》的编纂过程中也起到了非常重要的作用。

音韵、历算人士的优厚待遇，在有清一代并不多见。[1] 李光地奖掖后进，培养历算人才，为清初科学活动奠定了良好的基础。另一方面，李光地两度聘请梅文鼎，同时苦心经营十余年，完成了学术宗尚向朱子学的根本转变。[2] 李光地对朱子和历算的爱好相辅相成，使他能成功迎合康熙，朱子和历算均成为君臣之间唱和的绝好话题，最后使李光地再次赢得康熙的信任而荣登文渊阁大学士之位。梅文鼎因李光地的引见，在某种程度上改善了康熙对汉人历算水平的看法，也为李光地（乃至汉人）赢得了面子，这无疑对改善君臣关系大有裨益。

在明末，科学活动是由像徐光启这样对历算有较高造诣的大臣全权负责，在短时间内组织人力物力，完成了大量西方科学著作的翻译，其活动是积极的，具有开创性。而李光地凭藉科学手段以达到迎合皇帝之目的，是中国历史上极为特殊的成功案例，因为有清一代，我们只找到这样一位汉族大臣，同时也只有康熙这样一个皇帝对科学情有独钟；李光地的所作所为和当时的政治背景也有很大关

---

❶ 王兰生的文集《交河集》卷一“恩荣备载”曾生动记述了李光地带领他见康熙的情景。

❷ 陈祖武：《清初学术思辨录》，北京：中国社会科学出版社，1993，第 212 页。

系。作为满族统治的清代，特别是清初，皇帝对汉人存有戒心而加以防范，国家的重大事务，大都由皇帝或其代言人（皇子）和八旗官员负责，像李光地这样的大臣只能努力为清廷效力、讨好皇帝而博得宠爱；再者，清初的历狱之争，不仅使康熙，也使得部分汉族文人想通过学习西方的天文历算知识来摆脱无知，明辨是非，其结果在汉族大臣中造成了某种竞争机制，李光地和熊赐履的争宠便是一个很好的例子。从整个康熙时代的科学活动来看，李光地的活动是对康熙圣旨的积极反应，成效也颇为显著，其结果为清廷输送了一批精通历算的人才。但需要说明的是，康熙时代的重要决策仍由宫廷制定。如1713年创立的蒙养斋，实际操纵科学组织运作的是皇三子诚亲王胤祉[1]，在某种程度上他是康熙的全权代表，带有浓厚的宫廷色彩，李光地所起的作用在很大程度上被“御制”所掩盖。

---

[1] 关于清代皇子在清初科学组织中扮演的角色，参见 Han Qi, “Emperor, Prince and Literati: Role of the Princes in the Organization of Scientific Activities in Early Qing Period, ” in *Current Perspectives in the History of Science in East Asia*, eds. Yung Sik Kim and Francesca Bray (Seoul: Seoul National University, 1999)，209–216。

第三节

白晋的《易经》研究和康熙时代的“西学中源”说[1]

“西学中源”是康熙时代流行的一种学说，认为西方天文历算源自中国，此说影响颇为深远，它对调和西学、中学之争，起到了一定作用。关于“西学中源”说的产生和发展，前人已多有论述[2]，但已往的研究没有对传教

❶ 此文原载《汉学研究》(台湾)，1998，16（1)，第185—201页。有关白晋的进一步研究，参见拙作：1)《再论白晋的〈易经〉研究：从梵蒂冈教廷图书馆所藏手稿分析其研究背景、目的及反响》，载荣新江、李孝聪主编:《中外关系史：新史料与新问题》，北京：科学出版社，2004，第315—323页；2)《科学与宗教之间：耶稣会士白晋的〈易经〉研究》，载陶飞亚、梁元生编《东亚基督教再诠释》，香港中文大学崇基学院宗教与中国社会研究中心，2004，第413—434页；3)“Between the Kangxi Emperor (r. 1662–1722) and Leibniz—Joachim Bouvet's (1656–1730) Accommodation Policy and the Study of the *Yijing*,” in Shinzo Kawamura & Cyril Veliath eds. *Beyond Borders: A Global Perspective of Jesuit Mission History*，Tokyo: Sophia University Press, 2009，172–181.

❷ 关于“西学中源”说，参见李兆华:《简评西学源于中法说》,《自然辩证法通讯》1985年第6期，第45—49页；刘钝:《清初历算大师梅（转下页）

士在“西学中源”说发展中所扮演的角色进行深入的分析；此外康熙提出的西方代数学来自东方的观点，和传教士之间的关系也密不可分，值得深入研究。本节综合新发现的中西文献，对法国耶稣会士白晋《易经》研究进行分析，阐述其传教策略和研究之目的，及对康熙产生的影响，并说明康熙时代“西学中源”说的发展。

一　康熙与“西学中源”说之提倡

明末西方科学传入中国之后，如何融合中西科学成为文人考虑的问题。徐光启对西方科学，特别是《几何原本》严格的逻辑体系产生了浓厚的兴趣，并十分赞赏，

（接上页）文鼎》,《自然辩证法通讯》1986 年第 1 期，第 52—64 页；江晓原:《试论清代西学中源说》,《自然科学史研究》1988 年第 2 期，第 101—108 页；陈卫平:《从“会通以求超胜”到“西学东源”说》,《自然辩证法通讯》1989 年第 2 期，第 47—54 页；刘钝:《清初民族思潮的嬗变及其对清代天文数学的影响》,《自然辩证法通讯》1991 年第 3 期，第 42—52 页。韩琦:《从〈明史〉历志的纂修看西学在中国的传播》，载《科史薪传：庆祝杜石然先生从事科学史研究 40 周年学术论文集》，沈阳：辽宁教育出版社，1997，第 61—70 页；王扬宗:《明末清初“西学中源”说新考》，载同上书，第 71—83 页。

在接触到西方天文学之后，在改历中主张“熔彼方之材质，入大统之型模”。明末接触西学的文人（如徐光启、李之藻、杨廷筠等人）曾多次谈到中国传统文化和西学有某种程度的相似，所谓中学西学“心同理同”，这种观点在明末曾流行一时。到了明清之交，特别是到了康熙时代，这种观点逐渐为“西学中源”说所取代。

1664年，杨光先挑起的反教案，是清初科学史上的重要事件，直接影响了西方科学在中国传播的进程。康熙在幼年时代，因杨光先和汤若望之间的历法之争而深受震动，在《御制三角形推算法论》中，他提及了学习西方历算的原因：

> 康熙初年，因历法争讼，互为讦告，至于死者，不知其几。康熙七年，闰月颁历之后，钦天监再题，欲加十二月又闰，因而众论纷纷，人心不服，皆谓从古有历以来，未闻一岁中再闰，因而诸王九卿等再三考察，举朝无有知历者，朕目睹其事，心中痛恨，凡万几余暇，即专志于天文历法一十余载，所以略知其大概，不至于混乱也。[1]

---

[1] 此文载《满汉七本头》，约1707年刊本，中国科学院文献情报中心藏。

也就是说，历法之争直接促使康熙学习西方科学。接着康熙谈到了西历和中国传统历法的关系：

> 论者以古法今法之不同，深不知历，历原出自中国，传及于极西。西人守之不失，测量不已，岁岁增修，所以得其差分之疏密，非有他术也。[1]

这是康熙对“西学中源”说的最早表述。此文撰写于 1703 年，次年刊刻，还译为满文，被广为宣讲[2]，对研究“西学中源”说在康熙时代的传播有重要意义。

杨光先反教案造成了严重后果，是康熙提出“西学中源”说的重要原因之一，目的是平息由中西学说不同而产生的争论，为学习西学寻找借口。当梅文鼎见到康熙《御制三角形推算法论》后大表赞赏，在给熊赐履的诗中，他写道：

> 畴人守师说，蔑肯窥西书。欧罗矜别传，宁能徵昔

---

❶ 此文载《满汉七本头》，约 1707 年刊本，中国科学院文献情报中心藏。

❷ 韩琦：《康熙帝之治术与“西学中源”说新论：〈御制三角形推算法论〉的成书及其背景》，《自然科学史研究》2016 年第 1 期，第 1—9 页。

> 儒。二者不相通，樊然生龃龉。大哉圣人言，流传自古初（伏读圣制三角形论，谓古人历法流传西土，彼土之人习而加精焉尔。天语煌煌，可息诸家聚讼）。❶

梅文鼎强调的是康熙“西学中源”说对平息“诸家聚讼”的作用，不免有阿谀奉承之嫌，因为梅文鼎有关“西学中源”的学说，实际上在《历学疑问》中已有体现，并不是康熙的首创。❷

《御制三角形推算法论》影响很大，康熙曾在很多场合和文人、大臣谈起，当时文人都很熟悉此文，如查慎行《人海记》即有记述。1705 年，康熙召见梅文鼎，梅文鼎对此作了发挥，称：“御制三角形论言西学实源中法，大哉王言，著撰家皆所未及。”❸ 梅文鼎感恩戴德，过分强调“西学中源”说，以迎合康熙，使“西学中源”说在清中叶影响颇为深远。

---

❶ 梅文鼎：《绩学堂诗钞》卷四“上孝感相国”四首，乾隆刊本，第 23 页。

❷ 《历学疑问》大约完成于 1692 年（李光地校刻于 1699 年冬），比康熙的《御制三角形推算法论》还早。参见韩琦：《君主和布衣之间：李光地在康熙时代的活动及其对科学的影响》，《清华学报》（台湾），1996 年 12 月，新 26（4），第 421—445 页。

❸ 梅文鼎：《绩学堂诗钞》卷四，第 21 页。

二 耶稣会士的适应策略与白晋的《易经》研究

在讨论白晋的《易经》研究之前，有必要讨论传教士在华的传教策略，这要追溯到罗明坚（Michele Ruggieri，1543—1607）、利玛窦、庞迪我（Diego de Pantoja，1571—1618）等首批来华的耶稣会士。利玛窦发现中国传统文化根深蒂固，因此采用了适应（accommodation）政策，如学习汉语，采用儒服，尊重中国礼仪，研究古代典籍，以调和中国古代经书和天主教义[1]，最后达到传教之目的。《祭礼泡制》一书为这种适应政策的作用提供了一个很好的注解，其文云：

> 若要免人妄证，须先明透中国本性之情，若要明透中国本性之情，须先博览中国之书籍。中国之书籍也，即为中国之本性也。未有不读中国之书籍，而能识透中国之本性者，亦未有不能识透中国之本性，而能阐扬超性之理于中国者，若对中国读书之人，讲道解经，开口

[1] 关于适应政策，参见 D. E. Mungello, *Curious Land: Jesuit Accommodation and the Origins of Sinology*, Honolulu: University of Hawaii Press, 1989.

> 便要博引中国古书为证。若是能引中国书籍，出自何经，载在何典，他便低首下心，无不心悦诚服。若不详引中国书籍，辨折他心，纵有千言万语，他心不服，纵谈超性妙理，他心亦不能知。他或纵然当面奉承，背地尚加诽谤矣。必须多读中国书籍，方能开引人心矣。[1]

利玛窦熟读中国经典，为后辈耶稣会士树立了很好的榜样。之后，耶稣会士曾德昭（Alvarez Semedo，1586—1658）关于中国历史与现状的介绍、卫匡国（Martino Martini，1614—1661）关于中国古史的研究等等，都有开创性。1688年，白晋（Joachim Bouvet，1656—1730）和其他四位耶稣会士，受太阳王路易十四之派遣，以“国王数学家”的身份抵京。除传教外，他们还肩负在中国进行学术研究和天文观测的使命，包括向法国皇家图书馆寄送图书，法国耶稣会士来华标志

[1] 法国国家图书馆，Chinois 7157，夏玛弟亚著，书上题“原相公圣名玛弟亚在虔州天主堂内辅佐耶稣会聂神父传教有年，亲笔手撰于戊寅（1698）春，已物故矣。”参见黄一农：《被忽略的声音：介绍中国天主教徒对“礼仪问题”态度的文献》一文，载《清华学报》，新25：2，1995年6月，第137—160页。

着西方人研究中国文化的新阶段。1693—1699年，白晋曾作为康熙的使者，被派往法国，征募更多的耶稣会士到中国。白晋撰有《康熙皇帝》（*Portrait historique de l'Empereur de la Chine*. Paris，1697）一书，向西方介绍中国君主康熙，希望赢得路易十四对传教事业的支持。在北京期间，白晋还和张诚一起，向康熙传授法国耶稣会士巴蒂斯的《几何原本》（*Elemens de geometrie*）[1]，还用满文翻译解剖学著作。此外，他还撰写了《古今敬天鉴》（1707）[2]，以中国古代典籍来印证天主教义，他有关《易经》研究的大量中文、拉丁文手稿，至今仍保存于欧洲。[3]

作为传教士，白晋和其他耶稣会士一样，使中国人成为天主教徒，是他们的神圣使命。在他看来，最好的办法莫过于先使康熙皈依天主教，进而归化中国。因此白晋等

---

[1] 韩琦：《康熙时代传入的西方数学及其对中国数学的影响》，中国科学院自然科学史研究所博士论文，1991；《数学的传入及其影响》，载董光璧主编《中国近现代科学技术史》，长沙：湖南教育出版社，1997，第87—127页。

[2] 《古今敬天鉴》一书有1703年礼部尚书韩菼序。除梵蒂冈教廷图书馆之外，法国国家图书馆亦藏，Chinois 7161。参见徐宗泽《明清间耶稣会士译著提要》，上海：中华书局，1949，第132页。

[3] 罗马耶稣会档案馆（Archivum Romanum Societatis Iesu）、梵蒂冈教廷图书馆（Biblioteca Apostolica Vaticana）、巴黎耶稣会档案馆，均有收藏。

人在向康熙传授西学的同时，总是努力在寻找机会，传授天主教教义，而从中国经典中找出与天主教义相符的内容，使中国人觉得圣教道理古已有之，就容易使人信仰天主教。在《康熙皇帝》一书中，白晋这样写道：

> 正是这样才促成他最终以这样一种庄严与公开的方式，认可了我们的圣教：而我们同样确信，像他这样精通政治的人，对于作为自然法则完美升华的天主教中的基本教义是否与他的国家宗教相悖这一点，哪怕只是稍有怀疑，他也绝不会进行这样的认可；而这种国家宗教，如果我们从其真正的源头来考察，从中国古代圣贤为它建立的合法理论来考察，而不是现下大多数时儒的想法来考察，它与自然法则几乎没有、或者说根本没有差别。[1]

利玛窦的著作（《天主实义》）讨论了这个问题，得到了学者的认可，康熙也阅读了此书。白晋言外之意，只要遵从“利玛窦规矩”，在中国古代经书中找出与天主

---

[1] Joachim Bouvet, *Portrait historique de l'Empereur de la Chine*. Paris, 1697, pp.230–231.

教义一致的内容，就可让康熙信仰天主教。后来白晋的所作所为，始终贯彻了这一方针。在《易引原稿》中，白晋也谈到了传教的适应政策：

> 且中华人士皆知天主圣教，非惟吾西土之教，实亦先圣相授受之真传，而必不可不从者也。人人从教，则人人不至下坠，此正为中华之大幸，岂特远人之幸哉！❶

基于这一考虑，白晋努力在关于上古时代的古籍中寻找圣经教义的痕迹，当时的欧洲学者称之为Figurist（或译为旧约象征论），而《易经》正好给他提供了想象的空间❷。这种新的方式，是利玛窦适应政策的发

❶ Borg. Cinese 317(6)，fol.49-50. 对白晋的这种适应政策，当时人即有反映，如和素、王道化在康熙五十年六月十九日的奏折中即称：“再看白晋所著易经及其图，竟不明白，且视其图，有仿鬼神者，亦有似花者。虽不知其奥秘，视之甚为可笑。再者，先后来文援引中国书，反称系西洋教。皇上览毕，早已洞鉴其可笑胡编，而奴才等尚不知。”

❷ 早在崇祯间，天主教徒邵辅忠《天学说》一书即将《易经》与天主教义相比附。参见黄一农：《邵辅忠〈天学说〉小考》，《国立中央图书馆馆刊》，新27：2（1994），第163—166页。康熙时代文人周志也曾就天主教义和《易经》的关系撰写过有关论文，周氏手稿现存罗马。这些研究都在白晋之前。

展。[1] 除白晋外，还有傅圣泽（Jean-François Foucquet，1665—1741）、马若瑟（Joseph de Prémare，1666—1736）、郭中传（Jean-Alexis de Gollet，1664—1741）等法国耶稣会士，但作为 Figurism 的代表，他们观点各异。[2] 虽然对这种研究路数，其他耶稣会士持反对意见，但也确实影响了部分耶稣会士对中国古代典籍的研究。此外，白晋对《易经》的偏好，和康熙的兴趣正好不谋而合，与当时研究《易经》的风气也密切相关。但康熙未必了解白晋研究《易经》的真正用意。

---

❶ John W. Witek 魏若望 , *Controversial ideas in China and in Europe: A biography of J.-F. Foucquet, S. J. (1665—1741)*(Roma, 1982)，p.180. 参见许明龙、韩琦：《康熙的洋钦差：白晋》，载许明龙主编：《中西文化交流先驱》，北京：东方出版社，1993，第 174—189 页。

❷ Figurist 一词，首先由法国学者 Nicolas Fréret 于 1730 年左右给出。关于 Figurism, 参见 Claudia von Collani, *Die Figuristen in der Chinamission* (Frankfurt, 1981). *P. Joachim Bouvet S.J. Sein Leben und sein Werk.* (Steyler Verlag•Nettetal, 1985). Paul A. Rule, *K'ung-tzu or Confucius? The Jesuit Interpretation of Confucianism* (Sydney, London, Boston: Allen & Unwin, 1986)，pp.150–182. Knud Lundbaek, *Joseph de Prémare (1666—1736), S.J.: Chinese Philology and Figurism*, Acta Jutlandica LXVI: 2, Humanities 65, (Aarhus University Press, 1991) . M. Lackner, "Jesuit Figurism, " in Thomas H. C. Lee ed., *China and Europe. Images and Influences in Sixteenth to Eighteenth Centuries* (Hong Kong: The Chinese University Press. 1991)，pp.129–150. 此外，上引魏若望书对此亦有论述，Claudia von Collani 和其他学者还撰有不少关于 Figurism 的论文，在此不再一一列举。

三　“御用文人”：白晋的《易经》研究

白晋什么时候开始研究《易经》尚待考证。但至迟从1701年开始，他已和莱布尼茨开始讨论伏羲、八卦和二进制的问题。到了1711年，康熙出于对《易经》的兴趣，多次让白晋汇报其《易经》研究的成果，可知白晋受命研究《易经》已有一段时间了。

1711年3月5日，白晋在信中谈到了他想给康熙出示自己从《易经》中得到的数学想法，并向康熙介绍欧洲科学和《易经》中的数学内容。[1] 约在1711年末，白晋在给法国耶稣会总会长殷弘绪（François-Xavier Dentrecolles，1664—1741）的信中，解释他从马上跌下来之后，不能参加畅春园的接见。[2] 虽然其他耶稣会士就此向康熙作了解释，但是第二天白晋仍受命来到宫中。康熙不仅让他带着自己撰写的研究《易经》的著作，还让他带着其中引用到的中文和西文著作。康熙在询问白

[1] 罗马耶稣会档案馆 Jap. Sin. 174，fol.35-77.

[2] 据魏若望书，第168—169页，此信约写于1711年末。而《康熙朝满文朱批奏折全译》提到白晋从马上跌下来是在1708年，北京：中国社会科学出版社，1996，第594页。

晋的身体与年纪之后，问及是否在《易经》里发现了新的东西，是否证据确凿。白晋自称他的工作基于无可争辩的数字原理、几何学和天文学。康熙并想看白晋准备的所有图，要求他带所有的书和作品。三天之后，白晋再次和康熙见面，解释了他的写作计划。康熙没有让白晋去鞑靼，问他是否有其他欧洲人懂《易经》，白晋因此推荐了当时在江西的法国耶稣会士傅圣泽。1711 年，傅圣泽到达北京。

罗马梵蒂冈教廷图书馆保存有白晋研究《易经》的大量手稿，成书年代多为 1711 年或稍后[1]，包括《周易原旨探》、《易钥》、《易经总论稿》、《易考》、《易引原稿》（1711 年）、《易学外篇》、《大易原义内篇》、《易学总说》（1711 年稍后）、《太极略说》等书。白晋研究《易经》

[1] 《康熙朝满文朱批奏折全译》也提到了白晋研究《易经》的情况，时间也在 1711 年，这和罗马梵蒂冈教廷手稿的时间正好相同。关于康熙命白晋研究《易经》的谕旨，见方豪《中国天主教史人物传》中册，白晋、傅圣泽传，中华书局，1988，第 278—287 页。罗丽达对白晋研究《易经》的背景也进行了考证，但亦有一些错误，如：奏折第五件“臣等会长”是指法国传教团的总会长殷弘绪，并非指意大利耶稣会士鲁保洛（Giampaolo Gozani），殷弘绪任总会长的时间为 1707—1719 年；据上引魏若望书（第 176 页），白晋收到殷弘绪的命令是在 1711 年，故此奏折当写于 1711 年或略后；此外，鲁保洛 1711—1713 年在开封，并不在北京，他是 1713 年底到达北京的。罗丽达《白晋研究〈易经〉史事稽考》一文，载《汉学研究》1997 年第 1 期，第 173—185 页。

虽然得到一些文人的帮助，如举人教徒陆若翰曾为白晋代笔，但我们认为这些著作的思想仍出自白晋。[1]《易经总论稿》讨论的是易学中的象数内容，在开篇“易经总说”中称：

> 夫易之为经也，有理焉，有数焉，有象焉，有图焉，图不离象，象不离数，数不离理。理生数，数生象，象生图，图备而象显，象立而数著，数出而理明。是故凡欲知理者，莫若明数，欲明数者，莫若观象，欲观象者，莫若玩图，四者之中，惟理为要。

解释了理、数、象、图之间的关系。此书用《算法统宗》的“开方求廉之图”来详细阐述“天尊地卑图”的象数内容，并解释《易经》卦爻之数由天尊地卑衍生而出[2]，“天尊地卑图”实际上即为“贾宪三角”（帕斯卡三角）。白晋用数学的方法解释《易经》，得到了康熙的赞赏。康熙在给王道化的谕旨中称：

---

[1] 白晋研究《易经》得到了中国人的帮助。见《康熙朝满文朱批奏折全译》，第722页。

[2] Borg. Cinese 317(3)，fol.10.

白晋作的数甚是明白，难为他，将新作的释天尊地卑图，得先天未变始终之全数，法并图留下，《易经》明日伺候。钦此。[1]

七月初五日，上曰：白晋所释《易经》如何了？钦此。王道化回奏：今现在解《算法统宗》之攒九图、聚六图等因具奏。上谕：朕这几个月不曾讲《易经》，无有闲着。因查律吕根原，今将黄钟等阴阳十二律之尺寸积数，……白晋释《易经》，必将诸书俱看，方可以考验。若以为不同道则不看，自出己意敷衍，恐正书不能完。即如邵康节乃深明易理者，其所言占验，乃门人所记，非康节本旨，若不即其数之精微以考查，则无所倚，何以为凭据？尔可对白晋说，必将古书细心较阅，不可因其不同道则不看，所释之书，何时能完？必当完了才是。钦此。[2]

攒九图、聚六图为纵横图（magic squares），在明

[1] Borg. Cinese 317(4)，fol.22.

[2] Borg. Cinese 439. 据《康熙朝满文朱批奏折全译》，1712 年二月之后即不见王道化之名，盖当时王道化已不在内务府任职，故上面的奏折当上奏于 1711 年或稍前。

代程大位《算法统宗》卷十七中有论述，也许是因为白晋的研究，使康熙对此书亦很感兴趣。康熙五十一年（1712）七月十三日，康熙发布了谕旨，称：“《算法统宗》，此书有用。”并命和素、李国屏：“尔等寻到后，将所缺之字画道标出，即如已缮之书，弄明白，俟套订完，由报带来。倘有错字，问徐天爵。”[1] 过了三天，和素、李国屏曾给康熙送上《算法统宗》两函，康熙见到批道：“书甚佳，第二函毋庸进览。”[2]《算法统宗》有明代刻本，康熙爱好此书的消息从禁廷传出之后，促使《算法统宗》的重刊。程大位的族孙世绥在重刻《直指算法统宗》序中称：

> 比来京师，属天子留心律历，开置馆局，修明算法，四方经纬通达之彦云集辐辏，予尝以暇过从诸公游，亟为余称道，以谓此书实集算学大成，极为今上所许可，而名公巨卿辈亦各争相购致以为重，余因退而纵观，见其爬罗剔抉，穷幽极渺，九章之经，乘除之法，无不昭

[1] 《康熙朝满文朱批奏折全译》，第 805 页。

[2] 参见 1716 年（康熙丙申）程大位曾孙程光绅、程钫的重刻本《直指算法统宗》，海阳率滨维新堂藏版。

昭焉。[1]

白晋所著《易学外篇》亦用象数理论探讨了《易经》，其中第七节发明天尊地卑之图，引用了《算法统宗》的内容，文云：

> 照中华《算法统宗》开方求廉诸图诸圆之法列之，即成开方变化诸数之总图，较西土借根方算法家所用之图，虽外式不同，因其列数之例相同，其用法亦同。[2]

白晋是从代数学角度理解“贾宪三角”，当时康熙正在学习代数学，即“借根方”（后来称作“阿尔热巴拉”），因此白晋对“贾宪三角”的介绍，有助于康熙对西方数学的理解。

从1689年起，康熙对西方科学很感兴趣，曾努力学习《几何原本》和代数、对数的知识，但为什么对《易经》感兴趣，并命白晋研究，颇耐人寻味。检阅白晋

---

1. 参见1716年（康熙丙申）程大位曾孙程光绅、程钫的重刻本《直指算法统宗》，海阳率滨维新堂藏版。
2. Borg. Cinese 317 (10)，fol.60.

《易经》研究的手稿之后，使我们联想到，正是白晋对《算法统宗》天尊地卑图用数学（结合代数内容）方法进行了仔细的解释，同时说明了幻方的组成原理[1]，使得康熙领会了其中的数学奥秘，并使康熙对《易经》的兴趣持续了相当长的一段时间，康熙让一个外国人研究《易经》的原因或在于此。

出于对《易经》的兴趣，康熙还同时命令大臣（如李光地等人）编纂有关《易经》的著作。据满文朱批奏折，1713—1714 年《周易折中》陆续进呈，1715 年刻成。《周易折中》参考了朱熹的《易学启蒙》和《周易本义》，对朱子的学说进行了阐释。由于康熙对易学的浓厚兴趣，《易经》研究成了当时的显学，并出现了不少研究专著。[2]

由于康熙的中介作用，白晋、李光地都能见到对方的研究成果。李光地见到过传教士的著作，现存奏折中即有记载：

---

[1] 白晋有关这部分的拉丁文研究手稿，现存罗马耶稣会档案馆。

[2] 如李光地撰有《周易通论》《周易观象》等易学书，陈梦雷有《周易浅述》一书。

> 臣李光地谨奏：本月初八日接魏廷珍、王兰生手札，蒙皇上发出西洋图样三幅，图说一篇，命臣观看。钦此。臣反覆累日，粗得意指，大抵与比例数同根，而用先天加倍之法，则从前所未闻，其与八卦、六十四卦之位相应处，尤为奇巧。[1]

这里提到“西洋图样”，显然是指白晋等人研究《易经》的图而言。此外，李光地研究《易经》的稿子也曾传到白晋手中：

> 王道化谨奏，初九日，恭接得上发下大学士李光地奏折一件，并原图一幅，说册一节，即与白晋看，据白晋看，拜读之下，称深服大学士李光地精通易理，洞晓历法，我皇上贯彻古今，凡理数之学，尤加详密，今大学士如此博学，真圣君贤相也。白晋西土末儒，……外白晋释《易经》一节，图一张，呈览，据白晋称，今所

---

[1] 《康熙朝汉文朱批奏折汇编》第八册，北京：档案出版社，1985，第 1171 页，康熙五十六年十一月至康熙六十一年十二月，此奏折无年代，但实际上应为 1712 年左右。魏若望根据西方文献，也提到李光地读过白晋的著作，见其书第 204—206 页。

进之此一节，与回复大学士者，大概多有相同。[1]

康熙对易学的特别兴趣，是促使白晋研究《易经》的重要因素。因为白晋是为康熙服务的，他和官方的关系就显得特别密切，并带有浓厚的御用色彩。白晋对《易经》象数学的研究，应是促成李光地等人在编纂《周易折中》时添入许多数学内容的重要原因。

四　白晋、康熙与“西学中源”说

康熙爱好科学，组织编写了《数理精蕴》《钦若历书》等历算著作，并在全国范围内进行大地测量。清代流行的“西学中源”说，由于康熙的提倡，及一批文人的宣传，成为影响有清一代天文历算研究的重要言论。如果说《御制三角形推算法论》提出了“西学中源”说，那么到了1711年，康熙对“西学中源”说有了新的看法。同年二月，康熙谕直隶巡抚赵弘燮，称：“夫算法

[1] Borg. Cinese 317 (4)，fol.22.

之理，皆出自《易经》。即西洋算法亦善，原系中国算法，彼称为阿尔朱巴尔。阿尔朱巴尔者，传自东方之谓也。”[1] 第二年十月，康熙谕大学士李光地：“尔曾以易数与众讲论乎？算法与易数吻合。”又说：“朕凡阅诸书，必考其实，曾将算法与朱子全书对校过。”[2] 康熙在《周易折中》凡例中亦称：“朕讲学之外，于历象九章之奥游心有年，涣然知其不出易道。”[3] 这里康熙指出历算之学“不出易道”，与他和直隶巡抚的讲话完全一致。上述种种都为“西学中源”说提供了更多的证据。

若从当时背景来分析康熙的看法，我们不难发现，这些看法在很大程度上受到白晋《易经》研究的影响[4]，因为康熙讲述这些言论，恰恰与白晋向康熙介绍《易经》象数理论同时。另外颇为有趣的是，当时白晋等人也向

---

❶ 《圣祖实录》卷二四五，北京：中华书局，1985，第 431 页。

❷ 《圣祖实录》卷二五一，北京：中华书局，1985，第 490 页。

❸ 川原秀城在讨论数学和道学之关系时，也注意到了这段文字，见其《〈律历渊源〉与河图洛书》一文，载《科史薪传：庆祝杜石然先生从事科学史研究 40 周年学术论文集》，沈阳：辽宁教育出版社，1997，第 36—45 页。

❹ 樊洪业也注意到了康熙和赵弘燮对话和白晋研究《易经》的关系，见其《耶稣会士与中国科学》，北京：中国人民大学出版社，1992，第 225—226 页。

康熙介绍了莱布尼茨关于二进制研究的文章。[1]这足以证明白晋的《易经》研究为“西学中源”说创造了条件，提供了证据。

“西学中源”说的另一种表现形式，即称代数学（algebra）为“东来法”，代数在康熙时代或音译为“阿尔热巴拉”“阿尔朱巴尔”“阿尔热八达”，或称为“借根方”。15世纪初，这门产生于阿拉伯的学科传到了欧洲，此后代数学发展迅速。[2]因此，代数学来自东方的阿拉伯这一事实，来华的耶稣会士是熟知的。在向康熙讲解代数学的过程中，他们很可能会把代数学的词源介绍给康熙。康熙学习借根方（“阿尔热巴拉”）应略晚于傅圣泽讲解“阿尔热巴拉新法”。[3]

康熙有关《易经》和东来法的言论，影响了梅瑴成等人的看法，《数理精蕴·周髀经解》中曾言：

---

[1] 此文即莱布尼茨发表在法国皇家科学院杂志上的文章，讨论二进制和《易经》卦爻的关系。

[2] J.-F. Montucla, *Histoire des mathématiques* (Paris, 1802), T.1，p.536.

[3] 关于傅圣泽与《阿尔热巴拉新法》，参见 Catherine Jami, *J.-F. Foucquet et la modernisation de la science en Chine: la "Nouvelle Méthode d'Algèbre"*. Mémoire de maîtrise, Université de Paris VII, 1986.

> 我朝定鼎以来，远人慕化，至者渐多，有汤若望、南怀仁、安多、闵明我，相继治理历法，间明算学，而度数之理，渐加详备。然询其所自，皆云本中土所流传。

这段话代表了《数理精蕴》的主要编纂者梅瑴成等人的看法，这是因为其祖梅文鼎曾从《史记·历书》“幽、厉之后，周室微，……故畴人子弟分散，或在诸夏，或在夷狄”出发[1]作过论证，而这正和《周髀经解》的前言相一致。从行文中可看出，这种“西学中源”说已从“东来法”的代数学扩展到整个算学。

《数理精蕴》的编者，把此书分为“立纲明体”“分条致用”两编，应受梅文鼎《方程论》“致用”的影响。至于把《周髀经解》放在上编“立纲明体”之首，编者的用意是可以想见的，即表明古代中国的算学著作为西学之源，西法基于《周髀》之上，是最基本的“体”。乾隆时代的数学家王元启也流露出上述意思。[2]把河图洛书

---

❶《史记》卷二十六，《历书》第四，北京：中华书局，1975，第四册，第1258—1259页。

❷阮元：《畴人传》卷四一，上海：商务印书馆，1955，第三册，第523—526页。

的有关内容放在《数理精蕴》中，原因亦应相同。

清初西方传入的数学（如对数、借根方等）大多是传统数学所缺乏的，这与清朝的大国地位很不相称，因此，当康熙从传教士口中得知“阿尔热巴拉”即“东来法”之意时，《数理精蕴》的编者就在《周髀经解》中引用古史记载，设想了古法西传的途径。梅瑴成《赤水遗珍》“天元一即借根方解”亦云：

> 后供奉内廷，蒙圣祖仁皇帝授以借根方法，且谕曰：西洋人名此书为阿尔热八达，译言东来法也。敬受而读之，其法神妙，诚算法之指南，而窃疑天元一之术颇与相似。复取《授时历草》观之，乃涣如冰释，殆名异而实同，非徒曰似之已也。

梅瑴成的这一阐述激发了乾嘉时期数学家对天元术研究的热情，并为“西学中源”说提供有力证据。

最后值得一提的是，白晋本人与“西学中源”的关系。作为传教士，白晋的本意当然不会去证明“西学中源”，但由于他从“Figurism”的特殊角度在中国古籍里着意挖掘，其结果有时倒成了“西学中源”的有力佐证。例如二进制和卦爻的关系常常被后人用来证明“西学中源”。

与德国科学家、思想家莱布尼茨建立联系，是白晋一生中的重要事件。1697 年 10 月 18 日，白晋在回法国之后，在枫丹白露给莱布尼茨写了第一封信。此后，俩人频繁通信。

莱布尼茨在 1701 年 2 月 15 日的信中首次向白晋详细地介绍了二进制的设想。他首先从神学观点出发，认为一切数都可从 1 和 0 这两个数创造这一点，为《圣经》的创世说提供了类比。莱布尼茨认为他的有关二进制的内容对中国哲学家会产生很大的影响，甚至康熙帝也会对此问题感兴趣，并因此力劝白晋把它献给康熙。[1]

1701 年 11 月 4 日，白晋在北京给莱布尼茨回了一封长信，信中提到二进制的有关问题并附寄了伏羲六爻图。[2] 这封信在 1703 年才到达莱布尼茨手中。信的观点主要认为中国的有关记载和莱布尼茨的数学基础相一致，

---

❶ 参见 Rita Widmaier ed., *Leibniz korrespondiert mit China: der Briefwechsel mit den Jesuitenmissionaren (1689—1714)* (Frankfurt am Main: Vittorio Klostermann, 1990)，pp.134–143.

❷ 同上，pp.149–163.

建议用六爻来说明二进制，说伏羲的八卦是一切智慧的源泉。白晋在信中还指出：莱布尼茨自己认为二进制打开了科学的大门，但不应该作为一门新科学，因为伏羲在中国就已经发明，莱布尼茨不能享有伏羲在中国的声望。❶白晋在信中提及自己研究卦爻已有很长时间，卦爻在中国被认为是不解之谜，并认为卦爻隐约可以看出二进制的结构。白晋对伏羲的卦爻非常推崇，认为莱布尼茨的研究成果和伏羲的一致，对莱布尼茨也表示了崇敬之意，说莱布尼茨的发现开辟了一条新路，后世学者可以重新认识真正的自然知识。❷

1703 年 5 月 18 日，莱布尼茨回答了白晋的来信，认为伏羲是中国科学的创始人，卦爻图是科学史上最古老的里程碑之一。❸莱布尼茨并对白晋正在研究卦爻这件事表示惊奇。莱布尼茨说自己早就开始研究伏羲的八卦，但是一直没有通过八卦去建立二进制。❹实际上，莱布尼

---

❶ 参见 Rita Widmaier ed., *Leibniz korrespondiert mit China: der Briefwechsel mit den Jesuitenmissionaren (1689—1714)* (Frankfurt am Main: Vittorio Klostermann, 1990)，p.150.

❷ 同上，p.151.

❸ 同上，p.181.

❹ 同上，p.182.

茨在 1679 年 3 月 15 日，就已撰写了一些手稿，对二进制进行了相当充分的讨论。❶ 大约与白晋通信之后，莱布尼茨把他们讨论二进制的内容刊登在法国皇家科学院的刊物上，❷ 引起了欧洲科学家的关注。

综上所述，白晋研究《易经》和莱布尼茨研究二进制是同时进行的，有关莱布尼茨二进制受到白晋的影响这种说法是错误的。但可以肯定，正是白晋的《易经》研究促使了莱布尼茨把二进制和卦爻结合起来；也正是如此，"西学中源"说又增添了一个新的佐证。

五 结 语

白晋研究《易经》不是一件孤立的事件，它体现了中西文化交融所产生的众多问题。白晋的意图何在，康熙为何加以利用，其他耶稣会士的看法如何等等，都应

❶ E. J. Aiton,《莱布尼兹、中国与二进制》,《科学史译丛》1985 年第 1 期，第 6—14 页。 及 E. J. Aiton, *Leibniz, A Biography* (Bristol & Boston: Adam Hilger, 1985)，pp. 245–248。

❷ *Histoire de l'Académie des Sciences*. 1703.

全面加以考虑。白晋的目的是想通过对经书的研究，找到中西文化的结合点，从而实现归化康熙，使中国人信教之目的，这是对中西文化的一种调适。从另一方面看，这种适应政策，在某种程度上影响了康熙，从而促使了“西学中源”说的传播，这是白晋始料不及的。

由于杨光先教案的影响，康熙对西学抱有浓厚的兴趣，在康熙的直接参与下，西方天文学和数学在中国占据了主导地位。这种地位直至18世纪初由于计算不精遭到康熙的怀疑，而在这之前，康熙对西法的优越性深信不疑。当时一些大臣、文人对天主教采取了抵制的态度[1]，康熙并不想得罪臣民而公开支持西学，在和耶稣会士的谈话中，康熙也表示了这种态度。因此康熙提倡的“西学中源”说，无论在促进西方科学在中国的传播，还是在安抚大臣方面都是很好的权宜之计。白晋等传教士所采取的适应政策之所以被康熙所利用，其原因也在于此。这种现象不仅在科学方面，也在宗教、文化方面体现出来，是中西文化交流、冲突的产物。现在讨论白晋

---

1. 关于康熙初年士大夫对历狱的看法，参见黄一农：《康熙朝汉人士大夫对“历狱”的态度及其所衍生的传说》，《汉学研究》1993年第2期，第137—161页。

的易学研究，应该考虑时代的背景，给予同情的理解，才能把握其研究问题的基本思路，理解他研究易学的用心所在，不能因为其学说之荒诞而一概斥之。

18世纪的一些学者，试图借助西方科学，对传统科学进行研究，如梅瑴成就是重要代表。梅瑴成在促进乾嘉学派研究历算方面，功劳犹过于其祖梅文鼎。[1]18世纪至19世纪初，中国的数学家从研究西方代数学“借根方”出发去重新阐释传统数学，“西学中源”说的提出，使学者们感到中国传统科学也有一些长处，尚有一些精义，值得为之宣扬，使乾嘉学派的历算研究有了新的价值。这种对传统数学的重新研究，融入了当时传入的西方数学，体现了时代的新精神、新思路。乾嘉学派及19世纪数学家致力于历算研究，对传统有了进一步的理解，与其说维护传统，毋宁说是为了更新传统。

“西学中源”说在某种程度上挽回了民族的自尊心，并为乾嘉时期宋元数学的复兴起到了推动作用。我们也

---

[1] 梅瑴成对传统科学的看法，及其对西洋人的反感，和时代背景有密切关系。关于从康熙至乾隆时代对西学看法之转变，参见韩琦：《“自立”精神与历算活动：康乾之际文人对西学态度之改变及其背景》，《自然科学史研究》2002年第3期，第210—221页。

应该认识到“西学中源”说在清代也产生了负面影响，对传统科学的盲目推崇，使国人不能清醒地认识到当时中国科学的现状与欧洲科技的进步，影响了中国科学发展的进程。

第四节

科学、知识与权力：日影观测与康熙在历法改革中的作用[1]

康熙时代的西学传播，是清代科学史上最饶有兴味的篇章。科学不仅作为康熙皇帝的业余爱好，而且也成为他政治生命的重要部分，在权力的运作中扮演了十分重要的角色。康熙勤奋学习西学，事事躬亲，不仅因为他的确有此爱好，更是因为他试图藉欧洲新知来达到控制汉人和洋人之目的。本节根据宫廷官方文献，结合汉族大臣的文集与欧洲所藏档案，以 1711 年日影观测为例，希冀从社会史、政治史、宗教史的视角，探讨康熙皇帝、耶稣会士和文人在历法改革中的不同作用，并阐释康熙时代科学传播，以及知识和权力交织的复杂背景。

---

[1] 此文原载《自然科学史研究》2011 年第 1 期，第 1—18 页。

一　引子：晷影测量的历史

圭表是中国古代最古老的测量仪器，主要通过测量正午日影的长短来确定节气，并测定方向。它由表、圭两部分组成，立表用于投射日影，圭是水平安放的标尺，用于测量影长。由于太阳正午高度随季节变化，日影长短也随之变化，夏至时最短，冬至时最长。日影观测已有悠久的历史，传说周公在阳城（今河南登封）观测日影，以定地中。《周礼·地官·大司徒》："以土圭之法，测土深，正日景，以求地中。"元代郭守敬用四丈高表观测，同时使用景符来调整，成为中国历史上最重要、最精确的测量，屡为后世所称道，还受到传教士的赞扬，享誉欧洲。明清时期，钦天监设有晷影堂，用来观测日影。明代在仪器方面因循守旧，在晷影观测方面鲜有进步。[1]

欧洲也有晷影观测的传统，或在教堂，或在天文台。

[1] 冬至、夏至日的测量是历法中重要的内容，日影观测之结果可用来计算黄赤交角，中国古代多有这方面的观测记录。参见陈美东《古历新探》，沈阳：辽宁教育出版社，1995。法国耶稣会士宋君荣对中国古代日影观测作了系统的研究，从而影响了法国天文学家拉普拉斯对黄赤交角变化的结论。

日影观测在欧洲之所以重要，教会之所以重视，是因为复活节的确定和计算，都需借助日影观测。[1] 晚明耶稣会士来到中国之时，传入了很多西方仪器，如自鸣钟、三棱镜、望远镜，还传入了星晷（盘）、日晷等计时仪器，特别是日晷的制造，成为耶稣会士笼络汉人士大夫的重要工具。耶稣会士因此翻译了《浑盖通宪图说》《简平仪》等著作，国人陆仲玉也撰写了《日月星晷式》。在钟表没有普及的时代，相对于昂贵的钟表来说，这些简单的计时和测量仪器比较价廉，满足了一般人掌握时间的需求。

万历年间，在钦天监工作的周子愚曾与利玛窦谈及律吕之学，觉得西学可以补中国传统学问之缺，于是请其传授。利氏"慨然许之"，但不久利氏故去，合作没有成功。周子愚觉得中国古代虽有日影观测，但没有专书介绍，并注意到西方在圭表方面的成就，任意立表取景，"西国之法为尽善矣"，[2] 于是向龙华民（Niccoló

---

[1] J. L. Heilbron, *The Sun in the Church: Cathedrals as Solar Observatories*. Cambridge, Mass.: Harvard University Press, 1999.

[2] 熊三拔口授、周子愚、卓尔康笔记：《表度说》，周子愚序，《天学初函》（五），台北：台湾学生书局，1965。

Longobardo，1559—1654）、熊三拔（Sabatino de Ursis，1575—1620）等人学习，因此有《表度说》之作，详细介绍了欧洲圭表观测的方法。崇祯改历时，介绍了不少新传入的仪器（如望远镜，或称窥筒），也提到了西方测量日影的知识："三曰表臬者，即周礼匠人置槷之法，识日出入之景，参诸日中之景，以正方位，今法置小表于地平，午正前后累测日景，以求相等之两长景，即为东西，因得中间最短之景，即为真子午，其术更为简便也。"❶ 在谈到郭守敬用高表观测日影后，《明史》引用梅文鼎之语，也谈到了西方的方法："西洋之法又有进焉。谓地半径居日天半径千余分之一，则地面所测太阳之高，必少于地心之实高，于是有地半径差之加。近地有清蒙气，能升卑为高，则晷影所推太阳之高，或多于天上之实高，于是又有清蒙差之减。是二差者，皆近地多而渐高渐减，以至于无，地半径差至天顶而无，清蒙差至四十五度而无也。"❷ 也就是考虑了地半径差、蒙气差等因素对日影观测的影响，使得观测精度有所提高。

---

❶《崇祯历书》，奏疏，卷一，第 50 页。

❷《明史》卷二十五，志第一，天文一，北京：中华书局，1974，第 363 页。

二 日影观测与康熙学习西学之起因

明代的历法改革，主要因日月食的预测不准所引起。而耶稣会士的到来，正好满足了这方面的需要。天启年间，耶稣会士因准确预测月食，深得明朝士人的佩服。龙华民在《地震解》(1626)曾生动记载了这个故事："甲子(1624)谷雨日，谒李崧毓先生。坐次，蒙奖借曰：贵学所算二月月食，时刻分秒不差，真得推步之奇，想其师承诀法，必极奥妙。"❶《崇祯历书》奏疏中对日月食的预测和推算也有详细的介绍。

不过在康熙初年的历法争论中，日影观测却起到了决定性的作用。1668至1669年，耶稣会士南怀仁正是通过日影和金星、水星的观测，击败杨光先、吴明炫，最后取得了胜利，重新树立了西洋历法的主导地位。

1668年，因钦天监所颁历法置闰引起纷争，康熙皇帝亲自过问，并在宫廷亲眼目睹了南怀仁和杨光先等人的日影观测。❷此事对年幼的康熙触动很大，后

---

❶ 龙华民：《地震解》，康熙十八年刊本，载钟鸣旦、杜鼎克编：《法国国家图书馆明清天主教文献》(第五册)，台北利氏学社，2009。

❷ 参见 Noël Golvers, *The Astronomia Europaea of Ferdinand* (转下页)

来当皇子逐渐懂事，康熙对他们进行庭训时，曾重提旧事：

> 尔等惟知朕算术之精，却不知我学算之故。朕幼时，钦天监汉官与西洋人不睦，互相参劾，几至大辟。杨光先、汤若望于午门外九卿前当面赌测日影，奈九卿中无一知其法者。朕思己不知，焉能断人之是非，因自愤而学焉。❶

在《御制三角形推算法论》中，康熙也道出了自己学习西学的起因：

> 康熙初年，因历法争讼，互为讦告，至于死者，不知其几。康熙七年，闰月颁历之后，钦天监再题，欲加十二月又闰，因而众论纷纷，人心不服，皆谓从古有历

（接上页）*Verbiest, S.J. (Dillingen, 1687) : Text, Translation, Notes and Commentaries*. Nettetal: Steyler Verlag, 1993.《钦定新历测验纪略》，法国国家图书馆藏，Chinois 4992。

❶《庭训格言》，雍正刊本，第 78—79 页。康熙的训话主要由胤祉和其他皇子所记录。汤若望 1666 年已经去世，此处汤若望当为南怀仁。

以来，未闻一岁中再闰，因而诸王九卿等再三考察，举朝无有知历者，朕目睹其事，心中痛恨，凡万几余暇，即专志于天文历法一十余载，所以略知其大概，不至于混乱也。❶

1669 年之后，教案得到平反，传教士的地位得到了恢复，康熙不仅对有一技之长、能担任修历重任的耶稣会士持欢迎的态度，而且自己也开始留心西学，以南怀仁为师，学习欧几里得几何学和地理等科学知识。当时可能是因为年纪太小，国内尚未平定，康熙所学的西学知识十分有限。

1688 年，是清代科学史上的重要转折之年。这一年南怀仁去世，洪若、白晋、张诚等法国“国王数学家”到达北京。❷和南怀仁时代不同，法国耶稣会士除传教外，本身就肩负着皇家科学院的使命，并且和科学院的院士保持着密切的来往，更能及时获取欧洲科学的

❶《满汉七本头》，约 1707 年刊本，中国科学院文献情报中心藏。

❷ 当时在钦天监工作的只有闵明我、安多、徐日昇等人，而徐日昇对科学所知不多。

新知。[1]“国王数学家”一行带来了法国国王路易十四赠送的大量礼物，包括：“浑天器两个、座子两个、象显器两个、双合象显器三个、看星千里镜两个、看星度器一个、看时辰铜圈三个、量天器一个、看天文时锥子五个，天文经书共六箱，西洋地理图五张，磁石一小箱，共计大中小三十箱。”康熙二十七年（1688）二月二十一日，康熙帝在乾清宫大殿接见洪若等人，“天颜喜悦，赐茶优待。”[2] 这些西洋礼物给康熙帝留下了深刻的印象，他重新燃起对科学的兴趣，与这些西洋仪器不无关系。从此，欧洲科学在清廷的传播进入了新的阶段。

1688 至 1691 年间，康熙一周数次，频繁地向传教士学习几何、算术[3]，乃至天文、音乐、解剖学知识，也时常询问一些欧洲的形势，表现了对西方新知强烈的好奇心。现在保留下来的张诚、白晋日记，生动勾勒了当时

---

[1] 韩琦：《康熙朝法国耶稣会士在华的科学活动》，《故宫博物院院刊》1998 年第 2 期，第 68—75 页；《中国科学技术的西传及其影响（1582—1793）》，石家庄：河北人民出版社，1999。

[2] 韩琦、吴旻校注：《〈熙朝崇正集〉、〈熙朝定案〉（外三种）校注》，北京：中华书局，2006，第 169 页。

[3] 韩琦、詹嘉玲：《康熙时代西方数学在宫廷的传播：以安多和〈算法纂要总纲〉的编纂为例》，《自然科学史研究》2003 年第 2 期，第 145—155 页。

康熙勤奋学习的场景。❶

张诚、白晋到达北京后，经常受邀随康熙出巡，作为科学顾问，随时备询天文、数学乃至其他知识。1691年5月，康熙外出，途中要求张诚、白晋一起复习实用几何学，并向张诚请教星象知识，也提到了有关日影观测的问题。张诚在日记中曾这样写道：

> 11日，我们像前一天一样清晨就出发了，我们在一个离密云三十里叫 Chin choan 的村子里午餐，晚上则睡在一个叫石匣的镇子上，一天我们共走了六十里。我们到达之后不久，皇帝派人来问我此地北极高度（纬度）要比北京高多少，并想知道在计算正午日影时需要作哪些变化。❷

---

❶ 法国国家图书馆藏1689—1691年白晋日记手稿，Mss. fr.17240。参见蓝莉 (Isabelle Landry-Deron)，*Les leçons de sciences occidentales de l'empereur de Chine Kangxi (1662—1722) : Texte des Journaux des Pères Bouvet et Gerbillon*. Paris, EHESS. 1995。对康熙学习的具体内容，他所了解的西方新知，仍然值得做深入的研究。

❷ Jean-Baptiste du Halde, *Description géographique, historique, chronologique, politique, et physique de l'empire de la Chine*. Paris, 1735. T.4，p.254.

康熙以耶稣会士为师，勤学不怠，不耻下问，科学水准有了大幅提升。之后，在与大臣的接触中，历算、音乐便成为交谈的话题，亦可说是康熙炫耀的资本。康熙三十年（1691）十月十一日辰时，康熙到乾清门听政：

> 部院各衙门官员面奏毕，大学士伊桑阿、阿兰泰、王熙、张玉书，学士彭孙遹、西安、王国昌、年遐龄、王尹方、满丕、图纳哈、思格则、布喀以折本请旨后，上顾谓大学士等曰："《性理大全》所言三分损益、径一围三之法，尔等以为可行否？明时人有论乐律之书，前令熊赐履看阅，昨赐履阅毕进呈，其意仍以蔡元定之说为主。朕问蔡元定之说果吻合乎？赐履云：'似亦相近。'以朕观之，径一围三之法推算必不能相符，若用之治历，必多违舛。今试以此法算日月交食，其错缪可立见矣。又有为密率乘除之说者，径一则围三有奇，径七则围当二十有二，递推之，皆用此法，然止可算少，不可算多，少则所差微渺，积至于多，而所差或什伯或千万矣。即圆十方九之说，其法似乎少密，若数多，亦未能悉合。明末有郑世子载堉，其论乐律，极言三分损益隔八相生之非，但其说亦不能无弊。总之，算法明显易见，不容

> 毫厘有差，试之于事，皆可立验，虽不谙文义之人，亦能辨其是非，欲以空言取胜，不可得也。”王熙、张玉书奏曰：“凡事必求实验，况算法争在铢黍，关系最要，律度量衡，皆从此出，历代论岁差亦只重算法，胶执偏见，茫无实验，何补于用？”❶

其中谈到的径一围三，就是圆周率；隔八相生，则是音乐的问题。张玉书对此也有记载，从不同方面勾勒了这场对话的场景，使得事件更为清晰。非常有趣的是，康熙还在这一场合首次提到了数学家梅文鼎：

> 上又谕曰：近日有江南人梅姓者，闻其通算学，曾令人试之，所言测景，全然未合。从来测景之法，某日某时，太阳到某度，影之长短，其辨至细。此人立表甚短，虽所差微渺，但一寸中差一分，至尺则差一寸，至丈即差一尺。彼因算法不密，故测景用短表，以欺人不

❶《清代起居注册》（康熙朝），第二册，故宫博物院（台北）藏，台北：联经出版事业公司，2009，第986—989页。又见张玉书《张文贞公集》卷七，侍直恭纪，松荫堂藏版，乾隆五十七年，第1—2页。

见耳。[1]

接着说：

> 算法之吻合者，其本原具在，止因人不能穷究，如熊赐履言算法，皆踵袭宋人旧说，以为是径一围三之法，深晰其非者有人，今若直指其误，必群起而非之，以为宋人既主此论，不可不从，究竟施诸实用，一无所验。尔等第依其法试之，当自了然也。王熙等奏曰：前人所言，岂能尽当？径一围三之法推算不符，虽蔡元定之言，何可从也？皇上洞悉律数，究极精微，真是超越千古。臣等踈陋，得闻所未闻，不胜欣幸。[2]

梅文鼎当时在京城已颇有名声[3]，康熙大约是从李光

---

[1] 《清代起居注册》（康熙朝），第二册，故宫博物院（台北）藏，台北：联经出版事业公司，2009，第989—990页。或作"此人立表至短，曾不踰寸，一寸中差一杪，至尺则差一分，至丈即差一寸。"见张玉书《张文贞公集》卷七，侍直恭纪，第1—2页。

[2] 《清代起居注册》（康熙朝），第二册，故宫博物院（台北）藏，台北：联经出版事业公司，2009，第990—991页。又见张玉书《张文贞公集》卷七，侍直恭纪，第1—2页，但文字略有差异。

[3] 1691年夏，梅文鼎移榻李光地寓邸，1692年仍在北京。参见李俨：《梅文鼎年谱》，《中算史论丛》（三），北京：科学出版社，1955。

地的口中得知他的名字，还专门派人考察他的日影测量知识，结果却令康熙大为失望。梅文鼎未能马上受到朝廷的重用，大约也与这次测试有关。康熙这番对算法的大肆造作，是不折不扣的作秀，却对汉人官员造成了很大触动。康熙借机当着大臣张玉书、王熙的面批评熊赐履对历算的无知，显然是对汉人的一种警示。

三　1692 年乾清宫的日影观测

1692 年正月，康熙在乾清门听政，又旧话重提，现身说法，再次作了一场精彩的表演，其中也包括日影观测：

> 甲寅（初四）。上御乾清门，召大学士九卿等至御座前。上取性理展阅，指太极图谓诸臣曰：此所言皆一定之理，无可疑论者。又指五声八音八风图曰：古人谓十二律定，而后被之八音，则八音和，奏之天地，则八风和，而诸福之物，可致之祥，无不毕至，其言乐律，所关如此其大，而十二律之所从出，其义不可不知。如

《律吕新书》所言算数，专用径一围三之法，此法若合，则所算皆合，此法若舛，则无所不舛矣。朕观径一围三之法，用之必不能合，盖径一尺，则围当三尺一寸四分一厘有奇；若积累至于百丈，所差至十四丈有奇，等而上之，其为舛错可胜言耶？因取方圆诸图，指示诸臣曰：所言径一围三，止可算六角之数，若围圆，则必有奇零，其理具在目前，甚为明显。朕观八线表中半径勾股之法，极其精微，凡圆者可以方算，开方之法即从此出，逐一验算，无不吻合；至黄钟之管九寸，空围九分，积八百一十分，是为律本，此旧说也。其分寸若以尺言，则古今尺制不同，自朕观之，当以天地之度数为准。至隔八相生之说，声音高下，循环相生，复还本音，必须隔八，此一定之理也。随命乐人取笛和瑟，次第审音，至第八声，仍还本音。上曰：此非隔八相生之义耶，以理推之，固应如是。上又曰：算数精密，即河道闸口流水，亦可算昼夜所流分数，其法先量闸口阔狭，计一秒所流几何，积至一昼夜，则所流多寡，可以数计矣。又命取测日晷表，以御笔画示。曰：此正午日影所至之处。遂置乾清门正中，令诸臣候视。至午正，日影与御笔画处恰合，毫发不爽。诸臣等奏曰：臣等今日仰承圣训，得闻所未闻，见所未见，不胜欢庆之至。[1]

乾清宫是皇帝接见大臣、议政和接见外宾的重要场所。一位大清帝国的皇帝，在御门听政的场所，和大臣讨论的却是历算问题。时值严寒，还命大臣“候视”日影，更命人当场演奏音乐，这是何等不寻常的一幕！这一记载，充分显现了康熙借助西学，活学活用的真实场景。皇帝口授音乐理论，而且亲自测量日影无误，当然更使得大臣们钦服不已。

通过上述史料，可以看到康熙关注律吕（音乐）、圆周率等问题，以及水流量的计算、日影的观测，涉及数学、天文学、音乐等理论。比较两次听政，可以看到康熙对圆周率的认识有了进一步的提高。而康熙科学素养的提高，则是这场作秀成功的关键。结合耶稣会士的记载，我们可以知道，康熙的某些知识（如日影观测）也是刚刚学到不久；而他的音乐知识很可能得自葡萄牙耶稣会士徐日昇的传授。经过 1688 至 1691 年约三年的时

---

[1] 《圣祖实录》卷一五四，中华书局，1985，第 698—699 页。又见《熙朝新语》卷五，嘉庆二十三年刻本，第 2 页；《养吉斋余录》卷三。

间，耶稣会士系统的历算教育使康熙受益匪浅，使他能够运用欧洲新知来作这场精彩的演出。

除《圣祖实录》之外，在场的大臣对此事也有记载。如王熙"奉召于乾清门，同满汉正卿及翰林掌院学士等恭睹上亲算乐律历法，并令善算人于御前布算《九章》等法，测日水平日晷，午后始出。"❶ 半天之内，大凡音乐、数学和天文历法，以及河道水流量的计算等等，都有涉及。康熙的举动给大臣留下了深刻的印象。大臣们感叹之余，也感到无形的压力："退而相顾惊喜，深愧从前学识浅陋，锢守陈言，而不自知其迷惑也。"于是向康熙建言，编纂乐律、历算著作，"垂示永久"。❷ 康熙这场作秀实际上隐含了重要的政治动机，并不是单纯的个人炫耀，而是从文化方面向汉人"示威"，凸显满族君主的才能，以慑服汉族大臣。❸ 这场作秀不仅对在场的

❶ 王熙：《王文靖公集》，康熙四十六年王克昌刻本，内年谱"六十五岁"条，但年谱给出的日期是"初五日"，比官方史料晚一天，可能有误。

❷ 张玉书：《张文贞公集》卷二，请编次乐律算数疏，乾隆五十七年镌，松荫堂藏版，第9—11页。

❸ 在其他场合，康熙的表演也让儒臣佩服得五体投地，恭维不已，康熙为此也沾沾自喜，陶醉其间。凭借自己的博学和科学才能，康熙甚至公然批评汉人"全然不晓得算法"。大臣李光地之所以聘请数学家梅文鼎，和学生一起学习算学，正是为了迎合康熙的兴趣。参见韩琦：《君主和（转下页）

大臣产生了很大触动，还载诸邸抄，对文人造成了很大的影响。翰林院检讨毛奇龄在看到报道之后，还专门恭进乐书，以迎合康熙。[1]

不幸的是，历算改革的倡议在当时并没有引起应有的反响，历算人才的缺乏是最为关键的因素。当时梅文鼎的著作尚未刊刻，其他擅长算学的人也很少。加之1692年之后数年间，康熙国事繁忙，又亲征噶尔丹，历算教育似乎出现了停顿，历算改革未能及时进行。但是康熙在这段时间内所积累的天文、数学、音乐知识，为他晚年从事《律历渊源》的编纂打下了基础。

回过头再来看康熙的这场“历算秀”，无疑是早有“预谋”。当时不仅有满汉大臣在场，还特地请来了明代

（接上页）布衣之间：李光地在康熙时代的活动及其对科学的影响》，《清华学报》（台湾），新26卷第4期，1996年12月，第421—445页；法文本“Patronage scientifique et carrière politique: Li Guangdi entre Kangxi et Mei Wending,” *Etudes Chinoises* vol.16, no.2, automme, 1997，pp.7–37。参见韩琦：《康熙时代的数学教育及其社会背景》，《法国汉学》（八），中华书局，2003，第434—448页。

[1] 毛奇龄：《呈进乐书并圣谕乐本加解说疏》（康熙三十一年五月十五日），载《西河合集 · 文集》奏疏，乾隆间重修本，中国科学院文献情报中心藏，第4—8页。

遗民方以智之孙方正珠，情形实属罕见。[1]官方史料对此没有任何记载，幸运的是，清初文人王士祯生动地记录了这一场景：

> （康熙三十一年正月）初四日，有旨召内阁满汉大学士、满汉尚书、左都御史、吏部汉侍郎彭孙遹、兵部满汉侍郎朱都纳、李光地、翰林院汉掌院学士张英等入。上御乾清门，命礼书熊赐履、兵侍李光地、学士张英近御座，上指示诸图，论古今乐律得失大旨，以隔八相生为合，围三径一为未合，复命侍卫鼓瑟，教坊司吹管以验之。再试江南桐城监生方正珠开方立方算法，移晷而退。方明崇祯庚辰进士翰林简讨以智之孙也。隔八相生，谓宫一徵二商三角四羽五，变宫六，变徵七，八复为宫。李少司马云：自昔论乐律诸家，无人研究及此。[2]

专门征召方正珠，并测试其数学水平，不仅表明康熙对数学的一贯兴趣，也借机让更多汉人了解自己的历

❶ 王熙年谱中提到的“善算人”可能就是指方正珠。

❷ 王士祯：《居易录》卷十五，康熙辛巳年（1701）刊本，第3页。

算才能。这场“历算秀”无疑扩大了“演出”的观众面，因为方正珠回到桐城之后，势必也会向人道及此事。除了王士祯的记述之外，皇帝和方正珠的见面，旁人也有所闻。桐城县志对此便有记载：

> 方正珠，字浦还，中通二子。幼承家学，精于律数。康熙壬申春，以明经召对，问律吕之学，示以中和乐诸法器，奏对称旨。进父中通所著《数度衍》，并自著《乘除新法》，一时从学者奉为准绳。[1]

从这里可以看到，方正珠向康熙赠送了其父方中通的数学著作《数度衍》，以迎合康熙的算学兴趣。不过康熙对此书的反应如何，迄今尚未发现任何资料记载。从1691年底对梅文鼎历算水平的测试，到1692年初对方正珠的征召，可以看出康熙对略懂历算的汉人十分重视，不过梅文鼎和方正珠的表现都不能令他满意。直至1702

---

[1] （清）廖大闻等修、金鼎寿纂：（道光）《桐城续修县志》卷十六“人物志·文苑”，道光十四年（1834）刻本，《中国地方志集成·安徽府县志辑》，17辑12，南京：江苏古籍出版社，1998，第552—553页。

年，康熙还说“汉人于算法一字不知”。[1]

从康熙初年的历法之争、南怀仁的日影观测，到1692年乾清宫的君臣之对，并没有引起大规模的历算活动。在之后的十多年间，康熙有关历算活动的作秀并不多见，这并非说明康熙对西学失去了兴趣，实际上，在不同场合，康熙仍有不少关于历算的言论。

四　康熙、耶稣会士与1711年的日影观测

杨光先反教案之后，西学在清廷逐渐占据了主导地位。康熙十五年（1676）八月，康熙颁谕钦天监：“尔衙门专司天文历法，任是职者，必当习学精熟。向者新法旧法是非争论，今既深知新法为是，尔衙门习学天文历法满洲官员，务令加意精勤。”[2] 康熙明确表示“新法为是”，西法优于中法。康熙不仅相信西法，也重用在宫廷供职的传教士。“国王数学家”到达北京之后的一两年

[1] 李光地：《榕村语录续集》卷一七“理气”，傅氏藏园刻本。
[2] 《圣祖实录》卷六二，北京：中华书局，1985，第804页。

内，康熙的求知欲极强，经常把传教士请到宫中，传授西学。此后的近二十年间，他对西学颇有好感，深信不疑。直至1704年，他还断言“新法推算，必无舛错之理。”[1] 清初沿用明末编成的《崇祯历书》(后改名为《西洋新法历书》)，所采用的仍是丹麦天文学家第谷（Tycho Brahe，1546—1601）的折中体系。然而到了康熙五十年（1711）十月十六日，康熙提到钦天监用西法计算夏至时刻有误，与实测夏至日影不符，于是对大臣说：

> 天文历法，朕素留心。西洋历大端不误，但分刻度数之间，久而不能无差。今年夏至，钦天监奏闻午正三刻，朕细测日影，是午初三刻九分。此时稍有舛错，恐数十年后所差愈多。犹之钱粮，微尘杪忽，虽属无几，而总计之，便积少成多。此事实有证验，非比书生作文，可以虚词塞责。今且看将来冬至如何。”[2]

---

[1] 《圣祖实录》卷二一八，北京：中华书局，1985，第202页。

[2] 《清代起居注册》(康熙朝)，第二十册，故宫博物院（台北）藏，台北：联经出版事业公司，2009，第11004—11005页。又见《圣祖实录》卷二四八，北京：中华书局，1985，第456页，但缺“今且看将来冬至如何”一句。

也就是1711年夏至的日影观测，让康熙对西学的看法有了转变，认为欧洲天文学精度不高，希望钦天监对此加以注意。那么康熙是如何发现其中奥秘的呢？

有意思的是，清廷文献对此事起因有一定的描述。事情可以上溯到康熙五十年五月初九日，耶稣会士闵明我（Claudio Filippo Grimaldi，1638—1712）、纪理安（Kilian Stumpf，1655—1720）收到康熙“手谕算法”，“细读毕，喜之不尽”，并吹捧康熙“乃天生圣贤，无微不通。虽算学之七政皇历日食月食等诸原理，精通详核，故每年节气所定时刻，较推算原理又甚难，且皇上之圣学渊博，得之如此，此亘古未有者矣。”还提到“唯杨秉义（又名杨广文，Franz Thilisch，1670—1716）之算法，不知本自何年，或京城、或热河地方经度几何，亦未书之。臣等尚未明了，故不敢即奏。”接着详细解释了康熙皇帝的日影观测和钦天监可能不同的原因：

再，查阅钦天监验算皇历官员向来所学新法文表内所开，日差分秒均无错误。又查得，七政皇历中夏至、冬至，以新法里数验算，必用日差之分秒增减。若修皇历，唯用时刻分数，此皆遵循旧例定书者。倘若衙门常用表中有细微误差，亦一时难以核查。虽在西洋表中，亦有所不同。因非一人所修，名虽同，或处相异。再者，用表虽知有误，亦不可即信。必于数年中核查一次，用测量之法加以核对，是亦所以纠正也。唯皇上日晷之法甚善，大小日晷其皆一。西洋人每观测日影，向南立高墙数丈，凿孔以通日影于地，铺一铜板于平地，分为万分之数观之，则见之甚易。比较铜板之日光照在何宫，则较目视日晷，极其清晰。等语。❶

十三日，闵明我、纪理安和钦天监衙门官员对日影进行了计算。十五日，内务府官员王道化、和素收到“计算之书”，并转递康熙皇帝。康熙在看了这份奏折后，作了批示：

初六日夜，初七日子时，日在何宫何度，初八日子时，日在何宫何度，加此二宫之度而平分，方得初七正午日之位置。若谓尔七政皇历无误，著尔等即将尔七政

❶ 康熙五十年五月十二日闵明我、纪理安奏折，《康熙朝满文朱批奏折全译》，北京：中国社会科学出版社，1998，第1675页。

皇历分算奏来。何其卑鄙！[1]

康熙用“何其卑鄙”这样的词句严厉斥责他一向信任的耶稣会士，显然是十分震怒。皇帝对自己的计算与观测十分自信，加之他已通过杨秉义得知一些新的知识，因此更觉得闵明我等人的答复不过是找出种种理由来推托，没有勇气来承认自己的错误。王道化、和素在接到康熙朱批之后，“即召闵明我、纪理安、钦天监衙门官员来看。”闵明我、纪理安等跪读毕，奏言：“所谕甚是。前我等苟且粗算便奏，至怠报迂。闵明我、纪理安我等不胜惶愧。今蒙颁旨指教，详细分算七政皇历谨奏。”钦天监监正明图等亦跪读毕言：“奴才等亦钦遵训旨，详细分算七政皇历再奏。”十六日，王道化等将闵明我、纪理安、钦天监官员此奏报康熙皇帝，十八日收到康熙朱批：“彼等无论怎样着急，还是彼等之皇历也。此次可以固执，俟回宫后，当面计算，或许知之矣。”[2] 十九日，

[1] 康熙五十年五月十二日闵明我、纪理安奏折，《康熙朝满文朱批奏折全译》，北京：中国社会科学出版社，1998，第1675页。

[2] 康熙五十年五月十六日王道化等奏报计算太阳位置折，《康熙朝满文朱批奏折全译》，北京：中国社会科学出版社，1998，第723页。

王道化等在给康熙的奏折中写道：

> 奴才等恭阅，思之，闵明我、纪理安极为固执，竟掩饰己咎，因此愈觉其卑贱。钦天监等先仅照闵明我等法子计算，今遵皇上训谕计算，始赞皇上计算详细。奴才等斥责闵明我、纪理安曰：尔等掩饰失误，甚为卑鄙，尔等可欺我等，岂能逃皇上睿鉴？等语。所有皇上御制算法一张，闵明我、纪理安、钦天监等计算满汉文奏折二件，一并谨奏。❶

从上述官方文献中可知，闵明我和纪理安是这场争论中的主人公。闵明我是意大利耶稣会士，时任钦天监监正（由纪理安协助），他于 1669 年到达广州，这年适逢反教案平反，1671 年因通晓历法，和恩礼格（Christian Wolfgang Herdtrich，1625—1684）奉命赴京。❷ 闵明我到达北京后，在钦天监从事历算工作，1685 年受命到澳门迎取耶稣会士

---

❶ 康熙五十年五月十九日王道化等奏报闵明我等人情形折，《康熙朝满文朱批奏折全译》，北京：中国社会科学出版社，1998，第 724 页。

❷ 韩琦、吴旻：《〈熙朝崇正集〉、〈熙朝定案〉》（外三种校注），北京：中华书局，2006，第 87 页。

安多，1686 年底又到广州，动身往欧洲，[1] 1694 年 8 月 28 日返回北京。1688 年南怀仁病故不久，因闵明我谙练历法，受命顶补南怀仁治理历法，当时他“执兵部文出差”，出使欧洲期间，天文历法工作由徐日昇、安多负责。他在钦天监治理历法，从 1688 到 1711 年，期间因年老体弱，曾挑选庞嘉宾（1707 年到京，1707 年 11 月至 1709 年）协助，但 1709 年 11 月庞氏去世。闵明我曾编有《方星图解》（1711），主要根据法国耶稣会士巴蒂斯的星图而作。[2] 大约是受到康熙的斥责，在夏至日测量之后不久，闵明我就提出了辞呈，由纪理安接任，康熙马上批准了他的请求。据康熙起居注册记载，康熙五十年十月十六日，康熙御畅春园，“又覆请钦天监治理历法闵明我年老告休一疏。上曰：闵明我年老，准其告退，着季（纪）理安治理历法。”[3]

---

[1] 关于闵明我出使，参见 J. W. Witek, “Sent to Lisbon, Paris and Rome: Jesuit Envoys of the Kangxi Emperor”, in *Matteo Ripa e il Collegio dei Cinesi* (Atti del Colloquio Internazionale, Napoli, 11-12 febbraio 1997), eds. Michele Fatica and Francesco D’Arelli (Napoli, 1999), pp.317–340.

[2] 此图依据 I.-G. Pardies, *Globi coelestis in tabulas planas redacti descriptio latina gallica*. Paris, 1674. 参见韩琦：《耶稣会士和康熙时代历算知识的传入》，载《澳门史新编》（三），澳门基金会，2008，第 967—986 页。

[3] 《清代起居注册》（康熙朝），第二十册，故宫博物院（台北）藏，台北：联经出版事业公司，2009，第 10998 页。大约是批准闵明我辞职（转下页）

纪理安为德国耶稣会士，1694 年到澳门。康熙听说他很聪明，让他到北京任职，次年抵京。他非常精通光学，擅长修理仪器，在北京期间，负责修理的天文与其他仪器多达六百件，自己也动手制作了一些仪器。1700 年，纪理安和安多送给康熙一幅地图，康熙很满意，并打算测量地图，但是因为纪理安体弱、安多年老，于是康熙要求派遣更多的耶稣会士到中国。1711 年，纪理安接任闵明我在钦天监的工作，直至 1719 年病退，主要从事太阳位置计算，以及天文表的制作。1715 年，他设计制作了地平经纬仪，为此熔化了古代的天文仪器，遭到了梅瑴成等人的批评。[1] 1705 至 1720 年间，他作为视察员，负责教会的事务，维护葡萄牙耶稣会士的利益，不遗余力。

实际上，在这场日影观测的背后，还有一位很重要的人物，那就是新来的波希米亚耶稣会士杨秉义。1710 年，杨秉义与麦大成（João Francisco Cardoso，1677—1723）到澳门，同年 11 月 27 日，作为数学家，经大运河启航北

（接上页）的当天，康熙旧话重提，谈到了夏至日日影的测量。

[1] 韩琦：《“自立”精神与历算活动：康乾之际文人对西学态度之改变及其背景》，《自然科学史研究》2002 年第 3 期，第 210—221 页。

上，此外还有德理格（Teodorico Pedrini，1671—1746）、山遥瞻（Guillaume Fabre Bonjour，1669/1670—1714）和马国贤（Matteo Ripa，1682—1745）。[1]

康熙五十年四月，康熙和往年一样到热河避暑。法国耶稣会士巴多明（Dominique Parrenin，1665—1741）和德理格、马国贤、杨秉义、罗德先（Bernard Rodes，1646—1715）等人随行，杨秉义作为数学家，罗德先作为外科医生，马国贤作为画家，巴多明、德理格主要担任翻译之职。根据西文档案，康熙在热河就日影问题询问了刚到中国不久的杨秉义。杨秉义不知皇帝的用意，就用耶稣会士利酌理（G. Riccioli，1598—1671）的表计算，结果发现夏至点在午前20分，与钦天监的计算不一致，这使康熙知道西方已有新的天文表，确信是钦天监出错。[2] 康熙试图强迫杨秉义赞同他的意见，但是这位神父坚决不认可，他总是回答说天文表之间的差别不能称之为错误。康熙不能在他身上得到满意的答复，

---

[1] Matteo Ripa, *Memoirs of Father Ripa, during Thirteen Years' Residence at the Court of Peking in the Service of the Emperor of China*. selected and translated from the Italian by Fortunato Prandi. London, 1844. p.37.

[2] 参见本文附录傅圣泽报告。

转而将计算结果寄送北京，并且还附上一份他亲笔书写的谕旨，要求对何以出现这一错误进行检查并向他报告。而这正好可以和上面所引的满文奏折互相印证。此事让康熙对传教士产生了怀疑，更加深了其因教廷特使来华之后所引起的对欧洲人的不信任感。

康熙五十年九月二十二日，康熙从热河回到北京，在畅春园过冬，而那里总有一些传教士随时备询。自从夏至日影测量事件之后，康熙对历算问题练习得更加勤奋。据传教士记载，皇帝是这样度过那些日子的："他醒着的时候思考的问题，使他彻夜不眠。他把杨秉义神父和翻译巴多明神父从早到晚留在宫中，并且不断给他们送去有关几何、数字和天文学的问题。这些考察和试验显然是一种不信任的结果。"

那么，是何种因素引起了日影观测结果的变化？这需要对当时天文学背景作一回顾。

从 1668 年南怀仁的观测日影到 1711 年已经过去了四十多年，而在这期间，欧洲天文学有了长足的进步。首先，明末传入的蒙气差理论到了 18 世纪初，已有了较大的修正，对这些因素作出重要改进的是天文学家卡西尼等人。其次，"地半径差"（parallax）理论在当时也有新的变化。上述因素也导致了黄赤交角数值的变化。1711 年日影观测的争论，和耶稣会士传入的欧洲天文学的新进展有密切联系。后来康熙御制《钦若历书》(雍正初改名《历象考成》) 和乾隆时《历象考成后编》的编纂，则引进了上述新的成果。[1]

1711 年是康熙科学活动十分频繁的一年。他不仅参与了日影观测的活动，还于二月初九日带领皇太子、亲王和大臣测量大地，并进行指导，并谈到《易经》、算学、阿尔朱巴尔(代数)、西学中源等问题，内容十分丰富。十分有意思的是，康熙还重温旧事，谈及算学家梅文鼎：

> "昔有一善算者，名梅文鼎，年逾七十，朕召问算法，彼所识甚多，彼所问朕者亦皆切要，然定位彼却不知。朕执笔画圈纸上以示之，彼顿省悟，呆视泣下。"副将胡琨奏曰："彼时臣曾侍侧，彼言吾研穷至老，了不知

---

[1] 这些新的天文学成果多为来华法国耶稣会士所掌握。参见韩琦：《〈历象考成〉的内容》《〈历象考成后编〉的内容及其改进》，载陈美东主编《中国科学技术史》(天文学卷)，北京：科学出版社，2003，第 668—670，710—712 页。

此，若不遇圣主指示，吾将没世不知矣。因悲喜交集，不禁泣下。”上复取矢画地，作数圈示诸臣曰：“此即定位之理，虽千万品类不能出此，即今凡物若干，几人应得若干之数，用此顷刻可得，不特此也，声音之高下，亦可测之。”❶

这段记载生动地重温了君主和布衣之间的交谈，并通过侍臣的恭维和补充，凸显了康熙算学的高明。需要注意的是，在这些谈话的背后，耶稣会士白晋等人及其活动起到了一定的作用。❷

---

❶《清代起居注册》（康熙朝），第十九册，故宫博物院（台北）藏，台北：联经出版事业公司，2009，第10512—10513页。

❷ 韩琦：《白晋的〈易经〉研究和康熙时代的“西学中源”说》，《汉学研究》1998年第1期，第185—201页；《再论白晋的〈易经〉研究：从梵蒂冈教廷图书馆所藏手稿分析其研究背景、目的及反响》，载荣新江、李孝聪主编：《中外关系史：新史料与新问题》，北京：科学出版社，2004，第315—323页；《科学与宗教之间：耶稣会士白晋的〈易经〉研究》，陶飞亚、梁元生编《东亚基督教再诠释》，香港中文大学崇基学院宗教与中国社会研究中心，2004，第413—434页。

五　康熙对西学态度的转变与历法改革的缘起

1705年，教廷派遣特使多罗（Carlo Tommaso Maillard de Tournon，1668—1710）来华，引起了清廷和教廷之间的严重冲突[1]，这不仅给天主教在中国的发展蒙上了阴影，成为中西关系史上的转折点，也导致了康熙皇帝对欧洲人信任感的丧失，进而影响了康熙科学策略的转向和西方科学在华的传播。

多罗来华宣布禁止中国教徒敬孔祭祖一事，对康熙造成了很大的触动，他预感到天主教日后在中国会后患无穷。1706年底，熊赐履和李光地在向康熙皇帝讲完朱子书后，“上令诸内官俱退，呼余（李光地）和孝感（熊赐履）近前，云：汝等知西洋人渐作怪乎，将孔夫子亦骂了。予所以好待他者，不过是用其技艺耳，历算之学果然好，你们通是读书人，见外面地方官与知道理者，可俱道朕意。”[2] 显见，康熙继续让传教士在宫廷任职，

---

[1] 参见 A. S. Rosso, *Apostolic Legations to China of the Eighteenth Century*. South Pasadena: P. D. & Ione Perkins, 1948。罗光：《教廷与中国使节史》，台中：光启出版社，1961。

[2] 《榕村语录续集》卷六，傅氏藏园刻本。

只不过是为了“用其技艺”。

与此同时，康熙进一步加强了对澳门的管理，制定了相应的政策，下旨让封疆大吏处理澳门事务，打听西洋消息，有时也通过内务府官员询问和了解传教士的情况及专长，请他们从澳门入京工作。1700 年之后，有许多传教士来到澳门，广东督抚加以考核，将有技艺之人送到北京，负责此事的有两广总督郭世隆（1702—1706）、赵弘燦（1706—1716）、杨琳（1716—1722），以及广东巡抚范时崇（1705—1710）、满丕（1710—1714）、杨琳（1714—1716）、法海（1716—1718）等。为使传教士能够更好地在宫廷发挥作用，康熙有时会让新来的传教士在澳门学汉语，[1] 或“留广州学汉话”，因为“若不会汉话，即到京里亦难用。”[2] 有的传教士起初未得到清廷的容许，为达到进入内地传教之目的，往往也会在澳门停留一段时间，加强语言和技艺的学习，伺机以别的名义进京。

尽管康熙对传教士的信任已经大不如前，但对“技

[1] 《康熙罗马使节关系文书》，北平：故宫博物院，1932。

[2] 中国第一历史档案馆编：《康熙朝汉文朱批奏折汇编》（第三册），北京：档案出版社，1984，第 6—11 页。

艺之人”仍相当重视。他曾让内务府官员佛保传旨给督抚：“见有新到西洋人，若无学问只传教者，暂留广东，不必往别省去，……若西洋人内有技艺巧思，或系内外科大夫者，急速著督抚差家人送来。”康熙四十六年八月十三日，两广总督赵弘燦、广东巡抚范时崇在收到谕旨后，上奏称：

> 今查有新到西洋人十一名内，惟庞嘉宾据称精于天文，石可圣据称巧于丝律，林济各据称善于做时辰钟表，均属颇有技艺巧思。其余卫方济、曾类思、德玛诺、孔路师、白若翰、麦思理、利奥定、魏格尔等八名，俱系传教之人，并非内外科大夫，遵即暂留广东，不许往别省去。见在候旨遵行。今将庞嘉宾、石可圣、林济各三人，臣等专差家人星飞护送进京。❶

“用其技艺”后来成为康熙对待传教士的一贯政策，一直到晚年，仍不时请人从澳门派遣懂得历算、医学、

❶ 中国第一历史档案馆编：《康熙朝汉文朱批奏折汇编》（第一册），北京：档案出版社，1984，第701—704页。

技艺的欧洲人到内地。[1]

对于多罗来华所产生的冲突，康熙试图加以沟通，并两度派遣传教士回罗马，打听教皇的确切“旨意”。由于使节迟迟没有返回中国，康熙甚为焦急，不时向传教士打听西洋来的消息。由于天不作美，时空的遥隔大大阻碍了罗马教廷和康熙的及时沟通。消息的阻塞使得“礼仪之争”变得更为错综复杂。一些传教士出于传教利益的考虑，有时隐瞒消息，藏匿有关教皇禁教的旨意和信件，但时间一久，不免为康熙所察觉，最终导致康熙对传教士的怀疑。至迟在 1711 年，康熙对传教士已缺乏信任，称：“现在西洋人所言，前后不相符，尔等理当防备。”[2] 而正好在同一年，康熙发现了夏至日影计

---

[1] 康熙时耶稣会士闵明我、徐日昇、安多、纪理安、庞嘉宾、杨秉义、孔禄食（Luigi Gonzaga，1673—1718）、严嘉乐、戴进贤等人相继到达北京，参与了历算工作。除白晋、张诚等“国王数学家”之外，1699 年之后，白晋、洪若所带来的耶稣会士，如杜德美、傅圣泽等人也成为御用教师，对康熙时代的历算活动作出了重要贡献。参见韩琦：《康熙时代的历算活动：基于档案资料的新研究》，载张先清编《史料与视界：中文文献与中国基督教史研究》，上海：上海人民出版社，2007，第 40—60 页。

[2] 《康熙朝满文朱批奏折全译》，北京：中国社会科学出版社，1998，第 741 页。参见韩琦：《姗姗来迟的“西洋消息”：1709 年教皇致康熙信到达宫廷始末》，载《文化杂志》，2005 年夏季号，55 期，第 1—14 页；又载吴志良等编：《澳门人文社会科学研究文选》（历史卷，上卷），（转下页）

算有误。

康熙对传教士失去信任和上述有关日影观测的一连串事件，成为康熙时代历算活动的重要转机。1712 年，皇帝传旨，希望能有人给他讲授天文学原理，于是杨秉义和傅圣泽（J.-F. Foucquet，1665—1741）受命向康熙介绍天文学。为此傅圣泽开始翻译西方数学、天文学著作，向康熙介绍了开普勒（Johannes Kepler，1571—1630）、卡西尼、腊羲尔等人的学说，许多是根据皇家科学院的著作写成的。其中有《历法问答》等天文学译著，以及代数学著作《阿尔热巴拉新法》、佛拉哥（A. Vlacq）的对数著作等。[1]《历法问答》介绍了法国“格物穷理院”“天文学宫”（亦即法国皇家科学院和巴黎天文台）在天文学方面的最新成就，以及法国天文学家到各

（接上页）北京：社会科学文献出版社，2010，第 473—485 页。韩琦：《瀛洲圣阙关山重：1709 年教皇信滞留澳门始末》，载《文化杂志》，2006 年夏季号，59 期，第 133—146 页；又载吴志良等编：《澳门人文社会科学研究文选》（历史卷，上卷），北京：社会科学文献出版社，2010，第 526—540 页。

[1] 关于《历法问答》，参见 J. W. Witek, *Controversial Ideas in China and in Europe: A Biography of J. F. Foucquet, S.J. (1665—1741)*. Rome, 1982. Hashimoto Keizo & Catherine Jami, “Kepler’s laws in China: A missing link? J.-F. Foucquet’s Lifa wenda,” *Historia Scientiarum* 6-3 (1997)，pp.171–185.

地进行测量的情况。[1] 他们还介绍了开普勒的椭圆运动理论，涉及哥白尼日心学说，为此遭到了纪理安等人的反对。纪理安认为新天文学的介绍会让中国人觉得西方天文学并不可靠，会使南怀仁以来传教士在钦天监的地位受到损害，此外还有碍天主教教义，表现了其保守的一面。

1713 年，康熙下旨设立蒙养斋算学馆，让最懂科学的皇三子胤祉来负责历法改革，为此从全国召集了一百余位学有所长之人编纂《律历渊源》，成为清代最大的科学工程。[2] 师洋人之“技艺”，为我所用，便成为康熙晚年的重要目标。他觉得中国人应该自立，自己编纂历算

---

❶ 韩琦：《“格物穷理院”与蒙养斋：17、18 世纪之中法科学交流》，《法国汉学》（四），北京：中华书局，1999，第 302—324 页；《从〈律历渊源〉的编纂看康熙时代的历法改革》，载吴嘉丽、周湘华主编：《世界华人科学史学术研讨会论文集》，淡江大学历史学系、化学系，2001，第 187—195 页。

❷ 关于蒙养斋算学馆的成立、人员及其工作，参见 Han Qi, “A French Model for China: The Paris Academy of Sciences and the Foundation of the *Suanxue guan* (Academy of Mathematics)”，2005 年 7 月第 22 届国际科学史大会报告（北京），https://www.academia.edu/8139621；“1713：A Year of Significance”，2007 年 1 月 9 日巴黎法国国家科研中心（REHSEIS，CNRS）演讲，https://www.academia.edu/8278554. Han Qi. “Chinese Literati’s Attitudes toward Western Science: Transition from the Late Kangxi Period to the Mid-Qianlong Period,” *Historia Scientiarum* vol. 24–2 (2015)：76–87。

著作，最后达到摆脱洋人垄断之目的。

六　结　语

1668年的日影观测，给康熙造成了很大的震动。之后康熙向南怀仁学习，而法国耶稣会士的到来更让他沉迷于西学。大概是从传教士身上，康熙学到了欧洲科学的实证精神，加之他十足的好奇心，时时打听西方新知，进步很快。1689年康熙在南京所作的有关老人星的观测，以及1692年日影的观测，都是康熙早有准备的作秀，科学知识无疑是其中举足轻重的一环。正是通过对西学的学习和宣扬，康熙塑造了博学多能的自我形象，从而赢得了汉族大臣的尊重，进而达到了控制汉人之目的。[1]

无论是1689年，还是1692年的表演，康熙的谈话对象都是汉人。二十年后，也就是在1711年，康熙则将所学到的知识转而用来批评洋人，科学仍是其权力运作

---

[1] 亲历这两次场景的极为少见，而李光地躬逢其事，感触颇深。1689年之后，李光地虽然已和梅文鼎有了接触，并向他学习数学，但仍然不能和康熙皇帝进行实质性的对话。

的重要部分。从中西史料可以看出，康熙非常善于运用人际关系，通过内务府官员的居间周旋，利用传教士缺乏对形势的判断，采取各个击破的策略。杨秉义因新来乍到，不知状况，最后泄露了“天机”，使得康熙借此乘胜追击，借助西方科学的新知，掌握了科学的话语权。日后杜德美、傅圣泽等法国耶稣会士奉命翻译欧洲新的天文学著作，也正是因为这场日影观测所引发的直接后果。最后导致了 1713 年蒙养斋的开馆和《律历渊源》的编纂。从这一角度看，1711 年的日影观测，实在是康熙时代科学史最为重要的事件之一。

在科学活动的背后，也使康熙的心理暴露无遗。作为堂堂大清皇帝，康熙总要显示自己的威严，加之通过西学的学习，他更为自信，更何况对夏至日影的真理了然于胸。耶稣会士的态度让康熙觉得传教士缺乏诚信和谦虚为怀的人格，因此他出言不逊，在朱批中大骂传教士“何等卑鄙”。而闵明我、纪理安等耶稣会士出于保守心态，不愿使用新天文表，被康熙抓到把柄，他们只得找出各种借口聊以塞责，处于十分被动的境地。而居间传话的内务府官员狐假虎威，作威作福，更让传教士诚惶诚恐。

综上所述，日影观测这种看似简单的科学活动，其背景却极为复杂。它与权力运作、满汉和中外关系，甚至与宗教也有密切的关联，特别是与礼仪之争纠结在一起，成为康熙朝政的一个缩影。以往在研究中，学者往往感叹康熙朝汉文资料不足，现在不仅有满文资料的补充，还有欧洲文献的互证。因此，我们不仅需要查看满汉文宫廷资料，查阅士大夫的文集，更要佐以欧洲的档案（尤其是耶稣会士留下的丰富信件、报告），以（欧洲）史证（中国）史，才能对事件的诸面相有完整的认识，才能生动重现真实的、丰富的历史场景。本节作了初步尝试，试图以小见大，说明康熙时代科学传播的复杂经过。但即便只是一个小小的日影观测，还有许多细节需要作进一步考证和厘清，才能获得一个更加完整的历史图像。

附：在北京发生的与欧洲天文学有关事件的详细报告（1711年6月至1716年11月初）[1]

自从安提阿宗主教多罗事件发生之后——宗主教已经享有枢机主教头衔与尊荣在澳门去世，中国皇帝看起来对于欧人有厌恶之心，对于他们的好意表示也明显减少许多，令人担忧他试图摆脱他们，有确切理由证实这种担忧年年递增，并且如今似乎到达了最后关头，所有与传教士有关的事都面临被永远逐出这一庞大帝国的危险。

1711年皇帝这种不友善的态度在天文学上面以一种相当明显的方式展示出来。这一事件发生在夏至，根据人们所说，皇帝本人亲自计算并观测夏至点。当时这位君主身在鞑靼，他一年中要在那里待5至6个月。根据他本人对夏至点的计算和观测，他发现或者说他相信自己发现，它应该出现在午前。但是钦天监却在历书上标

[1] “Relation exacte de ce qui s’est passé à Péking par raport à l’astronomie europèane depuis le mois de juin 1711 jusqu’au commencement de novembre 1716.” 罗马耶稣会档案馆藏（Archivum Romanum Societatis Iesu, ARSI），Jap.Sin. II 154。又见 John W. Witek, *An Eighteenth-century Frenchman at the Court of the K’ang-Hsi Emperor: A Study of the Early Life of Jean-François Foucquet* (Ph.D diss., Georgetown University, 1973)。

明夏至点是在午后56分。当时有位刚刚来到宫廷的波希米亚传教士名叫杨秉义的，因精通天文学而被引见给皇帝，随驾去到皇帝的避暑山庄所在地热河。他受命检查为何计算结果有差别，并进行观测。他利用利酌理的天文表计算出夏至点在午前20分。他受命将计算结果以书面形式记录下来，皇帝看到之后更坚信钦天监出错了。皇帝企图强迫杨秉义也赞同他的意见，但是这位神父坚决不认可。他总是回答说天文表之间的差别不能称之为错误。当时有位内监奉命传达旨意与带回神父回复，然而来回数次均无功而返。同时带去的还有许多有关杨秉义神父使用的天文表的问题，而由此皇帝也得知在欧洲有着不同的天文表。以上这些出自杨秉义神父之口，并且当时担任他翻译的法国耶稣会士巴多明所说与他一致。皇帝不能在他身上得到满意的答复，转而将计算结果寄送北京，并且还附上一份他亲笔书写的谕旨：要求对何以出现这一错误进行检查并向他报告。圣旨于6月26日（康熙五十年五月十一日）到达北京。

钦天监官员试图走出困境，回答说他们依据自己的天文表，而根据他们的表夏至点就是应该在午后。但是葡萄牙副省的神父们却倍感担忧。他们聚集在会院里，商议这件他们认为很重要的事件。他们对于商议的内容严加保密，法国神父根本未被邀请参加，因此无法清楚了解事情的经过。法国神父只是大致被告知在给皇帝的回复中，包括有以下几点：(1) 对影子的观测造成一些错误。(2) 历书是给没有精确概念的一般百姓用的，并不需要深究其价值。(3) 陛下使用的小型仪器，而在钦天监使用的是大型仪器，这可能会引起一些差异。

这一答复使得皇帝大为震怒，他对于自己的计算与观测十分自信，认为钦天监出错了，并且强迫神父们承认这一点。那位内府官员名叫王道化的，曾经预见到皇帝会被触怒，并且确实曾经建议神父们不要呈上这样的回复。他警告他们说皇帝等待的是一种顺从，以某种方式承认自己曾经出错。他甚至对德国耶稣会士纪理安——当时作为钦天监监正闵明我的副手说道：震怒之下的皇帝完全可能将钦天监交给别人。“那好吧，如果他愿意就给别人好了”，纪理安神父回答说，“我来中国可不是为了这个。有什么关系？”“我知道得很清楚”，这位官员说，“您就是死了也没什么关系。不过要是钦天监被人从欧洲人手中夺走，那对别人可就大有关系了。你们的宗教都是建立在它之上的。南怀仁神父可不会这样回答。”这位多嘴的官员后来在法国耶稣会士面前重复讲述了这次对话，也就是从后者那里我们才了解到情况。尽管皇帝很不高兴，但是他表面上并未完全表现出来。他只是将这份回复留下了，并在上面用御笔批道：这份回复出自“恶劣卑下之人”。他说此话之意是指神父们未有好人所应有的勇气与谦虚来认识到自己的错误。一位内府官员受命向他们传达旨意。6月30日，闵明我和纪理安两位神父被传到宫中聆听旨意。上述所有情况都出自一位居留北京可靠人士的日记。日记写于北京，与发生事件的时间同步。

皇帝于1711年11月初由鞑靼回到北京。他在距北京城两哩半的行宫畅春园过冬。期间他会回北京城几次，准备祭祀上帝，或是为了什么别的事务。但通常他只待很少几天，之后马上又回畅春园。当他在北京的时候，欧洲人通常都要全数到宫廷，以这种不懈怠的方式表示他们执行皇命的迅捷。如果有人不到的话会让皇帝很不高兴，并且他自己也会查询看是否全数到齐。当他在畅春园的时候，总有一些欧洲人在那里，都擅长他当时正在学习或是正在拿来消遣的东西，而这些学业或是消遣常常变换不定。有时是绘画，有时是音乐，有时是数学，就这样这些艺术与科学轮番上阵。不像是在欧洲，那些大人物都以自己的无知为荣，这里可不一样。这里的大人物中都以有知识为荣，而皇帝本人特别喜欢这种荣耀，想在各种知识方面都表现得出类拔萃。我们曾经不止一次听他说过他学习数学已有40年之久，他还补充说："对我精通数学也不必感到吃惊，我有过优秀的老师并且我勤加练习。"自从测量夏至点事件之后，他练习得更加勤奋了。他是这样度过那些日子的：他醒着的时候思考的问题，使他彻夜不眠。他把杨秉义神父和翻译巴多明神父从早到晚留在宫中，并且不断给他们送去有关几何、数字和天文学的问题。这些考察和试验显然是一种不信任的结果。而他的这种不信任在另外一件事上表现得更加清楚：在很多满汉朝臣在场之时，皇帝遣人询问所有欧洲人，他们测量的喀喇和屯的纬度为何与他本人测量到的有几分的差别。而不信任与怀疑表现得更加突出则是当他回到北京城时，所有欧洲人都根据惯例来到皇宫，有关官员过来向暂时代理病中的闵明我神父职务的纪理安神父提出了一个令人不快的问题：为何神父们在钦天监教导多年的人还是那样无知，而由皇上亲自教导几何学的人却学得既快又好，最先懂得他给他们所演示的知识。皇帝确实是建立起了某种形式的学校。每天一些选中的人都来到他的面前，皇帝亲自给他们讲解欧几里得的某些原理，享受着显示精通抽象科学的乐趣，同时也享受着这些新学生一定会给他的赞美，通常他听都不听。但是这个学校不会持续很久，因为它只是当时皇帝策划的一个“学院”的开始。他曾经在北京和中国的其他省份寻找精通数学某些方面的满汉人士。那些巡抚大员们，为了讨好皇帝，举荐给他最优秀的精英，学习科学最有才能的人。人们从各地将人送来，就在这批精英中，他选择了一些人，多为年轻人，放进上文提及的“学院”。那里已有超过百人，有管事的官员，有算术家、几何学家、音乐家、天文学家，还有各门学科的学生，这还没有将人数可观的制造仪器的工人计算在内。他将畅春园内房舍众多的大片地域划归这一学院，并且指定他的第三子作为这个新建学院的领导。他有 18 个儿子，这还没有计算那些仍然留在宫中由妇女和内监照顾的（年幼者）。在这 18 个儿子中，有三个已经去世，即第六子、第十一子与第十八子。长子与次子即皇太子如今被监禁。对他们的囚禁是让其他儿子的心里产生惧怕，由此他作为一个专制的父亲，儿子对他的绝对依赖在欧洲不可想象，罕有其匹。为了帮助第三子管理这个新学院，他又派了第十二子、第十五子与第十六子辅助。在这四位皇子中，第十二子对数学知之甚少，而第十五子及十六子都还年轻，每天都还在学习，其中十五子只有25岁，而十六子约22岁。说到第三子，他40岁左右，从小就学习数学并且颇有造诣。他的老师是佛兰德尔耶稣会士安多，教给他算术与几何。他现在教导两位年轻的弟弟。但是依据惯例，他每天早上带领他们去见皇帝，由皇帝亲自教导他们三个，并且检查皇帝布置给他们的作业的结果。人们说皇帝让他们做这些事，尤其是对于第三子，是出于政治的考量，是为了阻止他们寻衅生事。所有读至此处的人都根本无法想象皇子们在他面前表现出的谨慎与谦虚。他们跪下与他说话，至少是为了长时间与他们说话，他也不令他们起身，只是让他们把膝盖搁在一种高些的台阶之上，而他本人就坐在上面如同坐在宝座之上。第三子除了用某个满语词表示赞同之外，几乎一言不发。而两位较年轻的皇子除非被提问，也不敢打破这种沉默。这就是我们与皇子们同在皇帝面前时不止一次所看见的景象。皇帝经常在接见大臣之时，让他们在房门口等上两三个小时。正是用这种方式他使得他们那样温顺、那样服从。皇三子在此之外可是一位骄傲的皇子，生性严厉而苛刻，甚至会做出某些不可靠的事情，与他的出身地位大不相称。他在那一群里不受爱戴，特别是对于欧洲人很不友好，如今他想用他从他们那里学来的同样的科学来摧毁他们，因此他被看作是欧洲天文学的最可怕的敌人。他立誓要毁灭它，并且他不遗余力竭尽所能来达到他的目的。夏至日事件很多与他有关。他极力保持和扩大皇帝对于钦天监使用的天文表准确性的怀疑。由于他手下的数学家中有一些人非常精于计算，因此他在日月食的观测中发现了这些不准确性。他让手下的人检查钦天监的计算。一旦他发现其中的错误，便立刻报告给他的父亲。三年前由此曾让以纪理安神父为首的官员到皇帝面前来承认错误。与此同时，他还借助官府，或者说借助强力将几部欧洲著作据为己有。他在Prestet书中第二册的末尾发现了一张平方及立方数表。他将数表带给了他的父亲，后者在此之前曾下令计算过类似的表，以此来向皇帝说明欧洲人甚至不了解自己的数表，或是曾经将这张表隐藏起来。这就是皇三子的性格，他的行为使我们不能不产生必要的担忧，然而接下来发生的事更使得这种担忧与日俱增。

1712年4月6日，皇帝回到北京。8日，所有欧洲人都来到宫廷，一位内监传来皇帝的旨意：他希望能有人给他解释天文学原理，而原理一词在此表示的是通过某种理论方式使得一个懂得几何与算术的人可以制作出天文表。旨意里还让欧洲人选择两位能胜任此事的人，尤其是解释中要用图形使得原理更易理解。主持欧洲人事务的官员与他们一起商议。那时已经担任钦天监监正的纪理安神父提供了几个名字，但是那些官员希望能带给皇帝确切的回音，即明确的两个姓名。于是德国纪理安神父、葡萄牙苏霖神父以及法国巴多明神父，三位都是皇帝任命负责欧洲人事务的神父，他们相互询问并且也询问了其他一些神父，最后他们得出了一致的意见，推选了法国耶稣会士傅圣泽与杨秉义神父，后者已经为皇帝熟知并且因为去年夏至点事件而著名。值得一提的是巴多明神父那时正担任法国神父团体的负责人，而傅圣泽神父当时就住在这个团体当中，因此巴多明神父就是他的顶头上司了。皇帝允准了欧洲人的提议。官员从皇帝房间出来就向两位被任命的神父宣布了让他们立刻工作以便使皇帝满意的旨意。……

附　录

“跨文化研究”丛书书目[1]

1 乐黛云《跨文化方法论初探》，中国大百科全书出版社，2016。

2 ［法］汪德迈（Léon Vandermeersch）《中国文化思想研究》，中国大百科全书出版社，2016。

3 ［法］金丝燕、法宝（T·Dammaratana）《佛经汉译之路：〈长阿含·大本经〉对勘研究》，北京大学出版社，2016。

4 ［法］金丝燕《文化转场：中国与他者》，中国大百科全书出版社，2016。

5 程正民《跨文化研究与巴赫金诗学》，中国大百科全书出版社，2016。

6 董晓萍《跨文化民间文艺学》，中国大百科全书出版社，2016。

7 ［法］劳格文（John Lagerwey）《华南民俗志》，中国大百科全书出版社，2016。

8 王邦维《跨文化的想象：文献、神话与历史》，中国大百科全书出版社，2017。

9 王一川《跨文化艺术美学》，中国大百科全书出版社，2017。

10 董晓萍《跨文化民俗学》，中国大百科全书出版社，2017。

11 董晓萍《跨文化民俗志》，中国大百科全书出版社，2017。

12 董晓萍《钟敬文与中国民俗学派》，中国社会科学出版社，2017。

13 ［爱沙尼亚］于鲁·瓦尔克（Ülo Valk）《信仰·体裁·社会》，董晓萍译，中国大百科全书出版社，2017。

［法］劳格文（John Lagerwey）、谭伟伦主编《中国客家地方社会研究》（全4卷），中国人民大学出版社，2017。

14 ［法］劳格文、谭伟伦主编《（一）闽西客家社会——长汀》，中国人民

[1] “跨文化研究”丛书是教育部人文社会科学重点研究基地重大项目“跨文化视野下的汉语、汉字与民俗文化研究”的综合性研究成果，［法］金丝燕、董晓萍主编，中国出版社有：中国大百科全书出版社、北京大学出版社、商务印书馆、中国人民大学出版社、高等教育出版社、中国社会科学出版社、文化艺术出版社和上海大学出版社。法国出版社有：Paris:Éditions You Feng Libraire & Éditeur 与 Paris：Nuvis，乐黛云、［法］金丝燕、董晓萍主编。

大学出版社，2017。

15 ［法］劳格文、谭伟伦主编《（二）闽西客家社会——宁化》，中国人民大学出版社，2017。

16 ［法］劳格文、谭伟伦主编《（三）与非客的社会》，中国人民大学出版社，2017。

17 ［法］劳格文、谭伟伦主编《（四）粤东粤北社会》，中国人民大学出版社，2017。

18 ［法］汪德迈（Léon Vandermeersch）《中国思想的两种理性：占卜与表意》，［法］金丝燕译，北京大学出版社，2017。

19 王宁《汉字六论》，中国大百科全书出版社，2017。

20 ［法］汪德迈（Léon Vandermeersch）、金丝燕编著《古文言读本》（法文版），Paris: Éditions You Feng Libraire & Éditeur，2017。

21 ［法］金丝燕等译《药师琉璃光七佛本愿功德经》（法文版），Paris: Éditions You Feng Libraire & Éditeur，2017。

22 董晓萍《中国经典故事》（法文版），Paris :Nuvis，2017。

23 ［德］艾伯华（Wolfram Eberhard）《中国民间故事类型》（修订版），王燕生、周祖生译，刘魁立审校，董晓萍校注，商务印书馆，2017，2018。

24 ［法］汪德迈（Léon Vandermeersch）《跨文化中国学》，中国大百科全书出版社，2018。

25 乐黛云、陈越光主编《全球视野下的中国文化本位》，中国人民大学出版社，2018。

26 乐黛云、陈越光主编《全球治理、国家治理和社会治理》，中国人民大学出版社，2018。

27 ［法］金丝燕主编《中国当代艺术》（法文版），Paris: Nuvis，2018。

28 ［法］白乐桑（Jöel Belensan）《跨文化汉语教育学》，中国大百科全书出版社，2018。

29 ［英］白馥兰（Francesca Bray）《跨文化中国农学》，董晓萍译，中国大百科全书出版社，2018。

30 董晓萍《跨文化民俗体裁学》，中国大百科全书出版社，2018。

31 王宁《跨文化汉字学》，Paris:Éditions You Feng Libraire & Éditeur，2018。

32 程正民《巴赫金诗学》，Paris:Éditions You Feng Libraire & Éditeur，2018。

程正民主编《20世纪俄罗斯诗学流派研究》（全6卷），中国社会科学出版社，2018。

33 程正民《巴赫金的诗学》，中国社会科学出版社，2018。

34 王志耕《俄罗斯社会学诗学》，中国社会科学出版社，2018。

35 张冰《俄罗斯形式主义诗学》，中国社会科学出版社，2018。

36 贾放《普罗普的故事诗学》，中国社会科学出版社，2018。

37 马晓辉《俄罗斯历史诗学》，中国社会科学出版社，2018。

38 张冰《洛特曼的结构诗学》，中国社会科学出版社，2018。

董晓萍主编《钟敬文全集》（全16卷，共30册），高等教育出版社，2018。

39 钟敬文《钟敬文全集》第1册，董晓萍编《总目》，高等教育出版社，2018。

40 钟敬文《钟敬文全集》第2册，连树声编《中国民俗学派》，高等教育出版社，2018。

41 钟敬文《钟敬文全集》第3册，钟敬文主编《民俗学概论》，高等教育出版社，2018。

42 钟敬文《钟敬文全集》第4册，董晓萍编《歌谣学 / 故事学》，高等教育出版社，2018。

43 钟敬文《钟敬文全集》第5册，董晓萍编《神话传说学 / 谚语与谜语 / 民族民间文学》，高等教育出版社，2018。

44 钟敬文《钟敬文全集》第6册，董晓萍、刘铁梁编《民间文艺新论集 / 民间诗歌与文人诗 / 歌谣史与诗歌史》，高等教育出版社，2018。

45 钟敬文《钟敬文全集》第7册，董晓萍编《民间文学（香港版）/ 人民口头创作》，高等教育出版社，2018。

46 钟敬文《钟敬文全集》第8册，钟敬文主编《民间文学概论》，高等教育出版社，2018。

47 钟敬文《钟敬文全集》第9册，陈子艾编《民俗文化学与文化史》，高等教育出版社，2018。

48 钟敬文《钟敬文全集》第10册，董晓萍整理《民俗文化学个案研究：女娲考 /〈水浒传〉专书研究》，高等教育出版社，2018。

49 钟敬文《钟敬文全集》第11册，王宁整理《民间文化传承学卷（第一册）/ 国学与外来学说》，高等教育出版社，2018。

50 钟敬文《钟敬文全集》第12册，王宁整理《民间文化传承学卷（第二册）/ 民间宗教与民间口头传承研究》，高等教育出版社，2018。

51 钟敬文《钟敬文全集》第13册，萧放编《历史民俗学》，高等教育出版社，2018。

52 钟敬文《钟敬文全集》第14册，杨利慧编《民间艺术学》，高等教育出版社，2018。

53 钟敬文《钟敬文全集》第15册，万建中编《民俗教育学》，高等教育出版社，2018。

54 钟敬文《钟敬文全集》第16册，程正民编《文艺学》，高等教育出版社，2018。

55 钟敬文《钟敬文全集》第17册，张恩和编《鲁迅研究文存（第一册）/ 关于鲁迅的论考与回想》，高等教育出版社，2018。

56 钟敬文《钟敬文全集》第18册，张恩和编《鲁迅研究文存（第二册）/ 鲁迅研究札记与译著》，高等教育出版社，2018。

57 钟敬文《钟敬文全集》第19册，何乃英编《国际交流卷》，高等教育出版社，2018。

58 钟敬文《钟敬文全集》第 20 册，童庆炳编《散文卷（第一册）/ 五四以来散文创作与抗战报告文学》，高等教育出版社，2018。
59 钟敬文《钟敬文全集》第 21 册，童庆炳编《散文卷（第二册）/ 现代散文与创作论》，高等教育出版社，2018。
60 钟敬文《钟敬文全集》第 22 册，董晓萍、康丽编《诗歌概论 / 诗歌通论 / 诗词格律要略》，高等教育出版社，2018。
61 钟敬文《钟敬文全集》第 23 册，胡友鸣编《考证〈白香词谱〉》，高等教育出版社，2018。
62 钟敬文《钟敬文全集》第 24 册，赵仁珪编《诗词总集》，高等教育出版社，2018。
63 钟敬文《钟敬文全集》第 25 册，赵仁珪、钟宜编《诗词补集》，高等教育出版社，2018。
64 钟敬文《钟敬文全集》第 26 册，宫苏艺编《报刊文章》，高等教育出版社，2018。
65 钟敬文《钟敬文全集》第 27 册，秦永龙、董晓萍编《学术书信卷》，高等教育出版社，2018。
66 钟敬文《钟敬文全集》第 28 册，史玲玲、朱霞、赖彦斌、赵娜编《钟敬文与北师大民俗学史（1949—2013 年）》，高等教育出版社，2018。
67 钟敬文《钟敬文全集》第 29 册，董晓萍、赖彦斌、赵娜编《钟敬文录像图文卷》，高等教育出版社，2018。
68 钟敬文《钟敬文全集》第 30 册，钟少华、钟宜、曹文瀚编《图片手迹》，高等教育出版社，2018。
69 董晓萍《文献与口头：历史经典名著故事类型》，上海大学出版社，2019。
70 ［法］金丝燕《文化转场：法国早期汉学视野研究》，中国大百科全书出版社，2019。
71 董晓萍《跨文化技术民俗学》，中国大百科全书出版社，2019。
72 董晓萍《跨文化民间叙事学：鲁班研究个案》，中国大百科全书出版社，2019。
73 王一川《中国艺术心灵》，中国大百科全书出版社，2019。
74 李国英《〈说文解字〉研究四题》，中国大百科全书出版社，2019。
75 韩琦《康熙皇帝·耶稣会士·科学传播》，中国大百科全书出版社，2019。
76 ［法］罗栖霞（Julie Lechemin）《法国国家图书馆：汉学图书的跨文化典藏》，中国大百科全书出版社，2019。
77 刘宁《跨文化苏联文学访谈录》，李正荣整理，中国大百科全书出版社，2019。
78 ［爱沙尼亚］于鲁·瓦尔克（Ülo Valk）《信仰故事研究要点》，董晓萍译，中国大百科全书出版社，2019。
79 董晓萍《国家·历史·民俗》，中国大百科全书出版社，2019。
80 ［法］汪德迈（Léon Vandermeersch）《中国教给我们什么？》，［法］金丝燕译，香港中文大学出版社，2019。